国家自然科学基金项目(51474206)资助

建筑物下粉煤灰膏体充填采煤技术的研究与应用

何荣军　张　丽　著

中国矿业大学出版社

内 容 提 要

本书以河北金牛集团能源公司邢台煤矿粉煤灰膏体充填建筑物下采煤项目和矿山开采与安全教育部重点实验室的重要组成部分——充填采矿实验室为依托，系统深入地研究了建筑物下粉煤灰膏体充填采煤技术。全书主要内容包括绪论、粉煤灰膏体充填材料的配比选择、粉煤灰膏体的管道输送理论和阻力特性研究、粉煤灰膏体充填采煤控制地表下沉效果的预测与分析、现场工业性应用、结论及建议。

本书可供相关专业的研究人员借鉴、参考，也可供广大教师和学生学习使用。

图书在版编目(CIP)数据

建筑物下粉煤灰膏体充填采煤技术的研究与应用/何荣军，张丽著.—徐州：中国矿业大学出版社，2018.6

ISBN 978-7-5646-3965-5

Ⅰ.①建… Ⅱ.①何… ②张… Ⅲ.①粉煤灰—充填—采煤技术—研究 Ⅳ.①TD82

中国版本图书馆CIP数据核字(2018)第106370号

书　　名 建筑物下粉煤灰膏体充填采煤技术的研究与应用
著　　者 何荣军　张　丽
责任编辑 何晓明
出版发行 中国矿业大学出版社有限责任公司
(江苏省徐州市解放南路　邮编221008)
营销热线 (0516)83885307　83884995
出版服务 (0516)83885767　83884920
网　　址 http://www.cumtp.com　**E-mail**:cumtpvip@cumtp.com
印　　刷 江苏凤凰数码印务有限公司
开　　本 787×960　1/16　**印张** 7.25　**字数** 210千字
版次印次 2018年6月第1版　2018年6月第1次印刷
定　　价 28.00元
(图书出现印装质量问题，本社负责调换)

前　言

本书研究内容以河北金牛集团能源公司邢台煤矿粉煤灰膏体充填建筑物下采煤项目和矿山开采与安全教育部重点实验室的重要组成部分——充填采矿实验室为依托，以周华强教授提出的固体废物膏体充填不迁村采煤新理论与新模式为研究背景，系统深入地研究了建筑物下粉煤灰膏体充填采煤技术。

粉煤灰膏体材料配比方面，在满足邢台矿实际要求的情况下，本书确定了最优的配比，并对粉煤灰膏体强度的影响因素进行了分析。

输送方面，本书推导出了粉煤灰膏体的流变方程；分析了管道特性、颗粒特性、膏体特性对管道阻力损失的影响规律。本研究首次将遗传神经网络应用于膏体输送的水力坡度预测计算模型，通过大量的试验，验证了该方法的可行性。

充填控制地表沉陷方面，本书对充填采矿条件下充填体的稳定性和作用机理进行了分析，并对全采全充条件下地表沉陷的主要影响因素进行了探讨。运用数值模拟软件FLAC对膏体充填开采和常规开采条件下地表的水平变形、曲率和倾斜状况分别做了模拟试验，并对模拟结果进行了比较分析。通过研究分析认为，在一定的地质采矿条件下，充填体强度和充填率是粉煤灰膏体充填开采条件下地表沉陷的主要影响因素，得出了充填体强度和充填率与地表最大下沉值的关系曲线。

感谢重庆工程职业技术学院张丽老师对本书做了大量的信息处理和数值模拟工作；感谢在本书完成过程中给予支持的家人；感谢同意引用资料的前辈和同仁；感谢中国矿业大学博士生导师周华强教授对本书的指导和支持；感谢侯朝炯教授、瞿群迪副教授、王旭锋教授和关明亮老师为本项目提供的支持；感谢赵才智、王光伟、常庆粮、强辉、郑保才、王伟、全永红等专家对有关章节写作的支持；感谢武龙飞、郭振华、孙晓光等在数据搜索、文字录入和校对方面给予的帮助！

由于作者水平有限，疏漏之处在所难免，敬请读者批评指正。

著　者
2017 年 12 月

目 录

第1章　绪　　论

1.1　问题提出及选题的目的意义

随着经济的繁荣发展和社会工业化程度的提高，人类对原材料与能源的需求日益增长，对矿产资源的开发和利用力度将进一步加强。由于煤炭供应稳定、经济，人类对煤炭的依赖状况将会持续[1]。虽然石油、天然气、水力发电、核电等能源所占比重在不断增加，但是煤炭在我国一次能源消耗中仍然占60%以上，而且在未来一段时间内，我国以煤为主的能源结构将不会改变[2]。我国煤炭资源分布广泛，建筑物下、水体下、铁路下压煤量大，但东部矿区煤炭资源正在逐步枯竭，矿井储量正在逐步减少，资源枯竭与经济发展之间的矛盾日益突出[3-5]。据对国有重点煤矿的不完全统计，我国"三下"压煤约137.9亿t，其中建筑物下压煤为87.6亿t，村庄下压煤占建筑物下压煤的60%[6-7]，这些储量大多集中分布于工业基础较好、开发条件优越、对煤炭需求较为迫切的经济发达地区。因此，大力研究和发展建筑物下煤层开采技术，对合理开发和充分利用地下资源、延长濒临破产的煤炭企业寿命、促进煤炭企业的可持续发展都具有重要的意义[8]。

作为电厂燃煤副产物的粉煤灰产量随着燃煤用量的增加而增加。燃煤产生的粉煤灰总堆存量已超过10亿t，而且还在以每年1亿t左右的速度增加，我国将成为世界上最大的排灰国[9-10]。据统计，在全球排放的粉煤灰中，不到1/2的粉煤灰用于水泥生产、煤坑充填及成为土木工程及路面材料，剩余的部分则会就地堆放。要把如此大量的粉煤灰存放起来，不仅会占用大量的土地，而且会对环境造成不同程度的威胁，建造储灰场又要耗费国家大量的工程投资费用，一旦发生事故，还会影响附近居民的正常生活。因此，对粉煤灰的处理和利用已成为我国面临的一个较突出的社会和经济问题。

粉煤灰俗称飞灰，是火力发电厂的废弃物，即煤粉在 1 500～1 700 ℃下燃烧后，由烟道气带出并经除尘器收集的粉尘。据统计，每燃烧 1 t 煤就能产生 250～300 kg 的粉煤灰和 20～30 kg 的炉渣。近年来，随着电力工业的迅速发展，电厂粉煤灰的排泄量不断增加。粉煤灰不仅占用大量耕地，消耗大量冲灰用水，而且粉煤灰的二次扬尘对生态环境也造成了严重的危害。另外，随着国际性能源供需矛盾的加剧和国际社会对环境保护越来越高的要求，长期被作为固体废弃物的粉煤灰成为人们综合利用的研究对象，世界各国进行了从处理方法到利用方法的研究[11]，并取得了一定的成就。有关资料显示，美国和欧盟一些国家粉煤灰的利用率达到了 70%～80%[12-13]，而我国粉煤灰的利用率仅为 40%左右，远远落后于欧美等发达国家。所以，加强粉煤灰开发利用的研究工作，不仅可以减少环境污染，而且可以造福全人类。

对邢台煤矿而言[14]，粉煤灰作为燃煤电厂排放的固体废弃物，产量大，可利用量小，存放粉煤灰占用大量空间，而且污染环境，图 1-1 所示为邢台矿电厂粉煤灰装车现场。邢台矿矸石发电厂日排放粉煤灰量在 1 000 t 左右，年排放量约为 35 万 t，每年粉煤灰处理费用 120 万元左右。邢台矿目前煤炭产量约 200 万 t/a，剩余可采储量约 2 000 万 t。井田位于邢台市西南近郊，井田范围内地面建筑压煤量约 3 200 万 t。

图 1-1　邢台矿电厂粉煤灰装车现场

针对邢台煤矿的实际情况，本书就邢台煤矿提出开展粉煤灰充填技术的研究与试验。其目的是利用粉煤灰固体废物资源，解放地面建筑物压煤。本试验研究，一方面可以把粉煤灰输送到井下，实现邢台矿坑口电厂灰渣资源化利用，解决粉煤灰地面排放对环境的污染问题；另一方面将形成一套以粉煤灰为主要原料的、与邢台矿区厚煤层综采工艺相适应的粉煤灰膏体充填控制开采沉陷技术，能够显著提高煤炭资源采出率，解放呆滞煤量，实现不迁村采煤及延长矿井服务年限。此外，河北金牛集团能源公司其他兄弟矿井同样存在大量的各类建(构)筑物压煤问题，粉煤灰膏体充填采煤技术试验成功以后，将为全公司其他矿井解放建(构)筑物下压煤，提高煤炭资源采出率及固体废物资源化利用提供有效的技术途径，有着重要的理论意义和现实意义[15-17]。

粉煤灰膏体充填[18-19]是将粉煤灰、胶结料(混合料)与水进行优化组合，配制成具有良好稳定性、流动性和可塑性的膏状胶结体，在重力或外加应力(泵压)作用下，以柱塞流的形态输送到采空区完成充填作业的过程。膏体充填技术在我国有色金属矿山采矿工程中已广泛应用。煤矿开采有别于有色金属矿山开发[20]，随着煤炭市场的变化，国家对煤炭工业实现绿色开采越来越重视，因此，创新绿色采矿技术也是21世纪采矿技术的重要发展方向之一。可见，本书的研究方向既符合现代矿山充填技术发展的趋势，又可以解决当前存在的普遍性技术难题，具有明确的针对性和目的性；本研究内容既有理论成果创新的可能性，又有实际推广的应用前景，属矿业工程中的前沿性研究课题。

1.2　国内外研究现状

1.2.1　国外建筑物下采煤技术的发展

19世纪末，德国在埃森矿区的充填试验标志着世界上建筑物下采煤技术的兴起。100多年来，逐渐发展形成了包括充填开采、条带开采、房柱式开采、离层区注浆、联合开采、协调开采等的一系列建筑物下采煤方法[21-23]。

(1) 充填开采

充填开采就是在井下或地面用矸石、砂、碎石等物料将采空区充填起来，达到控制地表沉陷的目的。充填开采在波兰、英国、德国等国家应用较多，初期主要通过自重和手工充填，后来发展了水力、风力充填方式，使用的充填材料通常是河砂、煤矸石和电厂粉煤灰等。其中，波兰采用水力充填（常称之为水砂充填）方式，在城镇和工业建筑物下充填时取得了较好的效果，其长壁工作面地表下沉系数 q 为 0.1～0.2，用水砂充填开采的煤量占其建筑物下总采煤量的 80%左右。英国曾采用风力充填开采缓倾斜煤层，但效果并不理想，下沉系数为 0.5 左右；德国在一般建筑物下采用人工充填、在重要建筑物下采用水力充填，充填材料为炉渣或经破碎的矸石；保加利亚和日本曾采用风力充填开采；法国曾采用水砂充填开采。

（2）部分开采

部分开采主要有条带开采、房柱式开采、巷道穿采、限厚开采、留不规则煤柱开采等。其中，条带开采的基本做法是：在被采煤层中采一条带、留一条带，利用保留的条带煤柱支撑上覆岩层，达到控制地表变形、保护地面建筑物的目的[24]。条带的布置形式及开采方法包括水砂充填条带、矸石充填条带、冒落条带、分层冒落条带、近距离煤层群条带、变采留比条带、不规则条带、双对拉工作面条带等。其中，冒落条带开采一般地表下沉系数 q 为 0.1～0.2，当煤柱宽度偏小时，地表下沉系数将增大，见表 1-1。相比之下，水砂充填条带可以进一步提高控制地表沉陷的效果。

表 1-1　　国外部分条带开采地表下沉量偏大情况统计

矿井	采深/m	采厚/m	采宽/m	留宽/m	顶板管理方法	地表下沉系数
波兰某矿	166	2.7	8	8	全冒落	0.285
英国某矿	75	1.3	6～7	6～7	全冒落	0.275
苏联滨海煤管局	265	2.5	4	4	全冒落	0.336

20 世纪 50 年代，波兰、苏联、英国等主要采煤国家开始应用条带法开采建筑物下压煤，尤其是村镇、城市下压煤，均取得了较为丰富的实践经验。如波兰采用的充填条带开采法，成功开采了卡托维兹（波兰南部城市，人口 35 万）、

贝托姆(人口25万)等城市下的煤炭资源,采出率为45.8%～60.0%。国外条带开采的采深一般小于500 m,开采厚度多为2 m左右,个别达到16 m,采出率一般为40%～60%,除个别因采留宽度太小使下沉系数偏大以外,地表下沉系数一般小于0.1,个别采深较大的下沉系数达到0.16[25]。

围绕条带开采技术,国外发展了有关条带煤柱设计理论,如有效区域理论、压力拱理论、威尔逊理论、极限平衡理论等,提出了多种煤柱强度计算公式,最常用的有欧伯特-德沃尔/王(Obert-Duvall/Wang)公式、浩兰德(Holland)公式、沙拉蒙-穆努罗(Salamon-Mnuro)公式、比涅乌斯基(Bieniawski)公式等。

对于房柱式开采,目前主要在以柱式开采为主的美国、澳大利亚、加拿大等国家应用,其采出率一般为50%～60%,地表下沉系数 q 为0.35～0.68。

部分开采方法可以在保护地面建筑物的前提下采出一部分煤炭资源,具有较好的经济效益,其最大的缺点是采出率低,会造成资源浪费。

(3) 覆岩离层区注浆

覆岩离层注浆控制地表沉陷技术[26]是利用矿层开采后覆岩层断裂过程中形成的离层空间,借助高压注浆泵,从地面通过钻孔向离层空间中注入充填材料,占据空间、减少采出空间向上的传递,支撑离层上位岩层,减缓岩层的进一步弯曲下沉,从而达到减缓地面下沉的目的。

20世纪80年代,该法首先从波兰发展起来,在覆岩出现离层之后,有关变形还未波及或很少波及地表之前,通过钻孔把粉煤灰等工业废料制成的料浆高压注入到离层空间,达到控制和减少地表沉陷的目的。以波兰为例,与全部垮落法开采相比,离层区注浆方法可以减少地表下沉20%～30%。

(4) 联合开采与协调开采

联合开采与协调开采是通过本煤层或邻近煤层数个工作面之间的相互配合,使地表部分变形值得以相互抵消或使受保护建筑物下只出现变形值较小的移动边界。波兰、英国、苏联等都曾应用此法开采了大量的建筑物下压煤,但多工作面同时开采对矿井正常的开拓布局有较大影响,管理也比较复杂,所以联合开采与协调开采一般只在煤层不厚、地表建筑物范围有限时才比较有效。

1.2.2 国外膏体充填技术的发展

膏体充填技术是1979年首先在德国格伦德铅锌矿发展起来的，目的是为了解决金属矿山尾砂充填需要建立复杂的隔排水系统等问题。膏体充填技术试验成功以后，相继在加拿大、澳大利亚、美国、南非等国家得到推广应用，如澳大利亚的恩特普赖斯矿、坎宁顿矿，南非的库克3号矿，美国幸运星期五矿、格切尔矿，加拿大多姆金矿、基德里矿等许多金属矿山采用了膏体充填工艺技术[27-30]。1991年，德国矿冶技术公司与鲁尔煤炭公司合作，把膏体充填技术应用到沃尔萨姆煤矿，进行长壁工作面的充填开采，充填工艺上使用普茨迈斯特公司生产的液压双活塞泵，工作压力为25 MPa，最大输送距离达到7 km，主充填管沿工作面煤壁方向布置在输送机与液压支架之间，每隔12～15 m的距离接一布料管伸入到采空区内12～25 m进行充填，充填管路紧随着工作面设备前移，如图1-2所示。

图1-2 德国沃尔萨姆煤矿井下回采面膏体充填方式

从德国的煤矿膏体充填初步试验的情况来看，其充填的目的主要是处理固体废弃物，充填比较滞后，因此采空区充填强度不够，地表下沉系数较大，地表下沉系数q为0.3～0.4，介于水砂充填与风力充填之间。但与普通水砂充填等比较，膏体充填又表现出了独特的优越性，具体体现在以下三个方面：

(1) 浓度高

一般讲，膏体状充填料的浓度比分级水砂充填料和高浓度充填料都要高，目前膏体充填料最高浓度可以达到88%。

(2) 流动状态为柱塞结构流

普通水砂充填过程中,料浆管道输送呈现出典型的两相紊流特征,存在着管道输送的不淤临界流速,低于该流速的料浆容易沉积堵塞管路,而流速过高又会导致管道磨损严重。膏体充填时,料浆在管道中基本是整体平推运动的,无临界流速,最大颗粒粒径可以达到 25~35 mm,流速小于 1 m/s 时仍然能够正常输送,管路磨损相对较小,称之为柱塞结构流。

(3) 膏体料浆基本不沉淀、不泌水、不离析

膏体充填材料的这个特点非常重要,可以降低凝结前的隔离要求,使充填工作面不需要复杂的过滤排水设施,也避免或减少了充填水对工作面的影响,充填密实程度高。而普通水砂充填时,除大部分充填水需要过滤排走以外,常常还在排水的同时带出大量的固体颗粒,其量高时达 40%,只在少数情况下低于 15%,由此会产生繁重的沉淀清理工作。

1.2.3 国内建筑物下采煤技术的发展

我国建筑物下采煤首先从辽宁抚顺胜利矿开始。之后,新汶矿务局孙村、良庄、协庄等矿也曾试验水砂充填。但是,水砂充填不仅需要建立充填物料输送系统,还要在工作面建立泄水系统,特别是随工作面推进必须用人工不断拆、建挡水墙(板),使得充填工艺复杂,机械化程度和劳动效率低。此外水砂充填存在比较严重的泌水收缩,需要反复充填,不适应高产高效生产的需要,因此水砂充填条带法并没有在国内得到推广应用。相比之下,冒落条带开采法克服了水砂充填条带的缺陷,在抚顺、阜新、蛟河、峰峰、鹤壁、平顶山、徐州等矿区得到了较好的推广应用。中国矿业大学等单位对条带开采技术进行了系统的总结,进一步发展了条带煤柱设计理论和条带开采地表沉陷预测方法。目前,我国煤矿冒落条带开采的宽度一般限制在 1/10~1/5 采深范围内,采出率 40%~68%,采深越大,煤层越厚,则采出率越低,条带开采控制地表沉陷最大的缺点是煤炭永久损失率较高。我国条带开采实用效果见表 1-2[25]。

1990 年,兖州矿务局与中国矿业大学合作,在北宿煤矿吴管庄进行了薄煤层双对拉工作面联合开采试验,由四个工作面协调开采,形成倾斜长 450 m 的均匀移动边界,沿走向长推进 1 100~1 500 m,使吴管庄村全部房屋一次性落入充分采动范围之内,有效地保护了村庄安全,开采过程中房屋Ⅱ级破坏

率只占4.9%。

表 1-2　　我国条带开采减沉实用效果

矿名	采深/m	采厚/m	留宽/m	采宽/m	采煤方法	煤柱宽高比	采出率/%	下沉系数/%
抚顺胜利矿	505	16.6	38	28	充填条采	2.3	42.4	1.0～2.0
蛟河三井四层	60～110	1.0	10	12～20	冒落条采	10.0	62.8	3.0
蛟河三井六层	105～170	1.0	13～17	18～43	冒落条采	15.0	68.9	10.0
四川南桐矿	240	1.5	12	12	冒落条采	8.0	50.0	5.6
阜新平安矿	144	1.4	20	30～50	冒落条采	14.3	64.0	15.0

20世纪80年代后期，抚顺矿务局与阜新矿业学院（现辽宁工程技术大学）合作开展了离层区注浆试验，之后老虎台矿、徐庄矿、华丰矿、东滩矿、唐山矿等相继开展了离层区注浆试验，试验报道的减沉率为36%～65%，个别甚至达到了80%，具体见表1-3[31]。对于离层区注浆的减沉效果，学术界存在较大的争论。张华兴、王金庄等通过现场实测和理论分析，认为离层区注浆的地表减沉率不会超过40%（这与国外结论是一致的），国内离层区注浆试验减沉率之所以偏大，主要是由于试验工作面开采深度均较大（529～734 m），工作面倾斜长度较小（82～135 m），属于典型的非充分采动情况。此外，目前离层区注浆未考虑浆液中水的渗漏问题，水灰比普遍偏高。如兖州东滩煤矿14307综采面离层注浆平均水灰比为4：1，14308综放工作面离层注浆平均水灰比为3.2：1；徐州大屯徐庄煤矿7215工作面离层注浆水灰比为4.88：1～2.21：1。

表 1-3　　国内部分矿井离层注浆量情况统计

矿井	采深/m	采厚/m	采煤体积/m^3	开采方法	注浆总量/m^3	注采比/%	减沉率/%
老虎台	602	25.7	72 000	条带充填	34 000	47.2	65.2
徐庄	529	2.6	274 000	长壁垮落	129 000	47.1	30～70
东滩	545	5.4	626 000	综放	238 000	38.0	42～80
华丰	830	2.2	716 000	长壁垮落	486 000	67.9	54

20世纪末，中国矿业大学钱鸣高院士提出了关键层理论，把在采场上覆岩层中存在着多层岩层时，对岩体活动全部或局部起控制作用的岩层称为关键层，为“三下”采煤覆岩控制提供了理论指导。该理论在徐州沛城煤矿城市下条带开采设计中得到了成功的应用。

1.2.4 国内膏体充填技术的发展

在我国，膏体充填技术首先引起了有色金属矿山的重视。“八五”“九五”期间，甘肃金川有色金属公司与北京有色冶金设计研究总院合作，利用国家重点科技攻关项目“全尾砂膏体泵送充填工艺及其设备研究”，在金川二矿区建成了我国第一条膏体充填工艺系统[28]。如图1-3所示，充填材料主要为洗选尾砂、棒磨砂、粉煤灰和水泥，膏体质量浓度可达到82%，水泥用量平均280

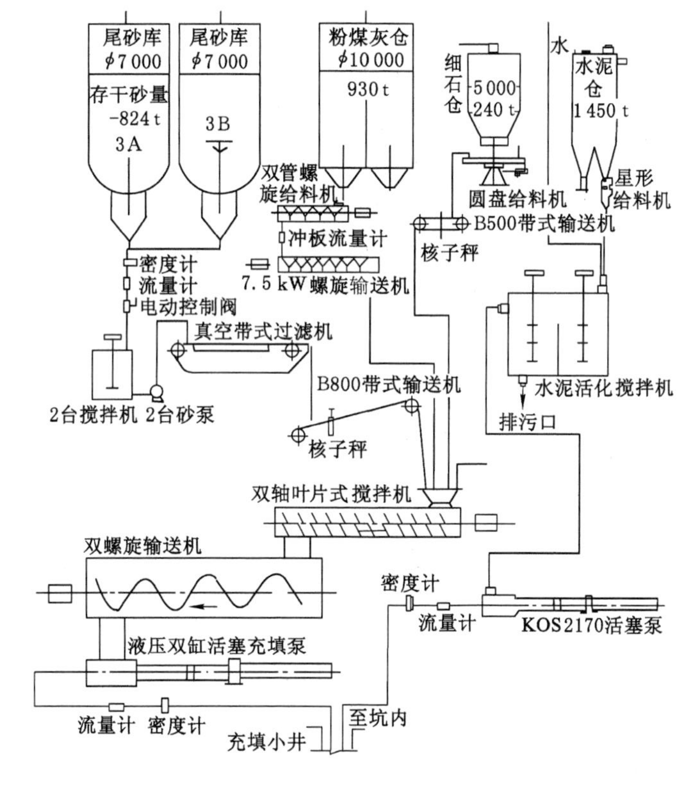

图1-3 金川二矿区膏体充填工艺系统

kg/m^3,充填体最终抗压强度大于 4 MPa。该系统采用了德国施维因公司生产的 KSP-140HDR 矿用充填泵,自制双轴连续搅拌机,美国霍尼韦尔公司生产的 TDC-3000 型工业集散控制系统,整个充填系统实现了计算机控制,充填泵的泵送压力为 13 MPa,充填能力为 100 m^3/h。

1994 年,湖北大冶铜绿山铜铁矿推广应用了尾砂膏体充填技术,充填泵也从德国进口,型号为 KSP80,泵送压力为 6 MPa,充填能力为 50 m^3/h。充填工艺系统[32]如图 1-4 所示。

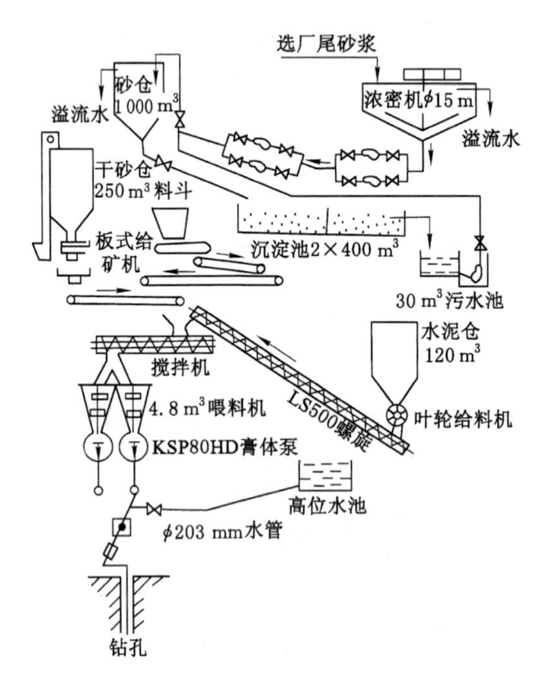

图 1-4 大冶铜绿山铜铁矿膏体充填工艺系统

需要指出的是,金川二矿区和铜绿山铜铁矿的膏体充填均没有考虑控制地表沉陷的需要。

对于煤矿,由于煤矿绿色开采的发展要求和村庄压煤开采的迫切性,周华强等[33]提出了固体废物膏体充填不迁村采煤的新方法,该方法是煤矿绿色开采技术的重要组成部分。郭广礼等[34]根据载荷置换原理,提出了“条带开采—注浆充填固结采空区—剩余条带开采”的三步法进行开采沉陷控制以保护地面建筑物的新思路。

1.2.5 粉煤灰在充填采矿中的应用及前景

(1) 国外研究现状

粉煤灰用于采空区回填始于20世纪20年代，首先是把粉煤灰单独作为充填料用于煤矿采空区，以预防或隔离井下火灾，如图1-5所示。当干粉煤灰充填到井下采空区后，开始时人很难在上面行走，几周后，其渐渐地吸收采空区底板及潮湿的井下环境里的水，粉煤灰依靠自身的活性而发生反应并逐渐变硬，16个月后，即使在相邻采场爆破的振动下，充填体也几乎没有什么收缩率，其对采空区的顶板已有相当的支撑作用。后来发展为用粉煤灰和石子混合来浇注采空区，这种充填体不仅具有一定的强度，而且隔水、隔声效果都很好。随着时间的推移，人们在对粉煤灰性能的进一步研究过程中，逐渐认识到粉煤灰在碱性激发剂的作用下，在充填体中不仅充当"微集料"的作用，而

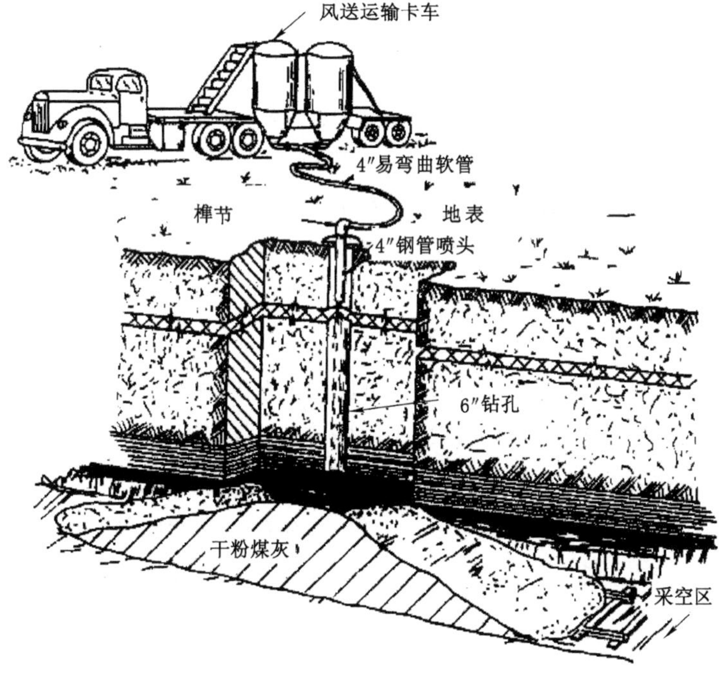

图1-5 干粉煤灰注入采空区示意图

且在行为上表现出低标号水泥的特性，可以优化充填体结构。因此，现在大多数粉煤灰被用在胶结充填中，来替代部分水泥做胶凝剂。如南非矿业协会研究中心的学者研究了尾砂、普通硅酸盐水泥和粉煤灰分别按干重比例 90：3：7 的一种充填混合料，测试了在 22 ℃的水中养护条件下，其抗压强度、断裂强度、杨氏模数、空隙率和水砂比等数据。试验结果表明，最佳水砂比为 0.28，充填体强度是充填养护时间和充填水砂比两者的函数。而加拿大费林费伦哈得孙湾矿业公司的纳缪湖镍矿采用了含 5%胶结剂（水泥 3%、飞灰 2%）的碎石充填料，水泥浆液的水灰比为 0.73，取得了一定的充填效果。加拿大鹰桥有限公司的萨德里各矿山及兰德方舟集团黄金开采公司的库克矿区，以及加拿大基德里矿[35]等国外矿山都有用粉煤灰作充填胶凝剂的报道。

（2）国内研究现状

我国煤矿在 20 世纪 70 年代即对充填采矿法有了一定的应用，后经济、效率等原因，制约了这一技术的使用和推广。随着我国国民经济的持续稳定发展和对煤炭资源回收率要求的提高，特别是煤炭价格的回归，利用充填采煤法进行“三下”压煤的开采已经提上日程。

就矿山而言，胶结充填从最初的人力充填，发展到之后的膏体充填[36-37]，需使用大量水泥，致使充填作业中水泥费用的投入居高不下，生产成本高。在矿山胶结充填作业中利用粉煤灰取代部分水泥，一方面可以减少矿山的充填费用，降低生产成本，这将是一项利国利民、意义重大的课题，具有相当大的综合效益；另一方面，将粉煤灰应用于井下回采工作面采空区和巷道处理，可以实现灰渣资源化利用，变废为宝。

在我国，粉煤灰在充填采矿中的应用比国外发展晚，远不如我国采矿技术的发展速度。粉煤灰在我国充填采矿中的应用主要有以下几个方面：

① 在矿井做易燃区或有害气体源隔离的封堵材料。该粉煤灰胶体充填封堵材料由粉煤灰、水、水玻璃、羧甲基纤维素、碳酸氢氨化肥等制备而成[38]。

② 利用粉煤灰进行巷旁充填。采用粉煤灰、高水速凝材料，在井下用泥浆泵泵送高水粉煤灰材料进行巷旁充填[39]。

③ 应用于充填注浆领域，做充填注浆材料。以粉煤灰为主要材料，再加入其他物质做充填注浆材料[40]。

④ 充填加固软岩巷道。例如，兖矿集团鲍店煤矿利用鲍店煤矿煤泥热电

厂的粉煤灰废弃物来替代部分水泥，制作水泥-粉煤灰浆液充填加固软岩巷道[41]。

⑤ 利用粉煤灰取代部分水泥，在矿山胶结充填中做充填材料[42]。

⑥ 对矿区的塌陷区采用粉煤灰充填。

1.3 研究内容、研究方法与技术路线

1.3.1 研究内容

本书以“邢台煤矿粉煤灰膏体充填建筑物下采煤”项目和煤炭资源与安全开采国家重点实验室、矿山开采与安全教育部重点实验室的重要组成部分——充填采矿实验室为依托，以周华强教授提出的固体废物膏体充填不迁村采煤为研究背景，较为系统深入地研究了建筑物下粉煤灰膏体充填采煤技术。

本书的研究内容主要有：① 将粉煤灰分别应用于井下废巷充填、井下冒落区充填以及全采全充控制地表下沉方面，在满足生产安全、技术合理、管理经济的条件下选择最优的配比；② 粉煤灰膏体的管道输送理论和阻力特性影响因素分析；③ 数值模拟膏体充填地表沉陷的预测，确定邢台地区岩体的物理力学参数，并对影响地表下沉因素进行分析研究。

1.3.2 研究方法

(1) 理论分析

理论分析是本课题研究的出发点，对粉煤灰膏体充填采煤技术应用起着总体定位的关键作用。本书运用岩层控制的关键层理论、理论计算法等基本理论，并结合数学和弹塑性力学等相关方面的知识，分析粉煤灰膏体的流变特性和充填工作面矿压及顶板稳定性。

(2) 正交设计试验和数值模拟计算

正交设计试验确定了粉煤灰膏体的最佳配比。对于地表沉陷的控制，以FLAC数值计算为主要研究手段，结合邢台矿的地质条件，通过数值模拟计算，分析分层全采全充地表沉陷情况，并对影响地表下沉的主要因素进行分析

研究。

(3) 综合分析

将分析的结果应用于煤矿中，并与实际情况进行结合，制定出一系列适合邢台煤矿自身特点的粉煤灰膏体充填技术措施。在此基础上，完成相关工程的基本设计。

1.3.3 技术路线

1.3.3.1 在满足生产安全、技术合理、管理经济的条件下选择最优的配比

(1) 粉煤灰膏体料浆中各组成材料的物理性能和化学成分测定，并做粉煤灰膏体料浆的力学性能试验。

(2) 分析测试结果，确定选择最优配比方案。

1.3.3.2 测量流变特性并确定粉煤灰膏体流变模型，分析阻力特性的影响因素

(1) 测试粉煤灰膏体料浆的流动度，确定粉煤灰膏体料浆流变模型。

(2) 做粉煤灰膏体料浆环管试验，测定阻力特性，确定配比与料浆流变特性的关系，分析并找出材料中各个影响因素对水力坡度的影响规律。

(3) 为了研究管径、流速和料浆浓度对粉煤灰膏体料浆输送的水力坡度的影响规律，采用基于遗传人工神经网络方法确定和选择网络结构，初始化网络训练、样本训练及检验，建立粉煤灰膏体料浆输送的水力坡度计算模型。

1.3.3.3 以FLAC数值计算方法为主要研究手段进行数值模拟和计算分析

(1) 建立井下全采全充的膏体充填数值模拟模型。确定模拟范围的原则：地下矿体开采期间，应力扰动不波及边界，即模型周边始终保持初始应力状态。确定岩体的物理力学参数。

(2) 通过数值模拟，评价因充填采矿方法引起的地表位移对地面建筑的影响，以及进行充填工作面矿压及顶板稳定性的分析。

1.3.3.4 现场工业性应用

(1) 设计建立邢台煤矿膏体地面充填站，并对充填管路进行布置。

(2) 粉煤灰膏体充填材料的制备系统、输送工艺设计。

(3) 粉煤灰膏体充填系统设备选型。

第 2 章　粉煤灰膏体充填材料的配比选择

2.1　粉煤灰膏体充填材料的组成

粉煤灰作为燃煤电厂排放的固体废弃物，产量大，可利用量小，存放粉煤灰占用大量空间，而且污染环境。针对邢台煤矿实际情况，要解决粉煤灰污染的问题，可以将粉煤灰固体废物资源化利用填充到采空区，有效控制地表沉陷，实现建筑物不搬迁开采煤炭，把煤炭资源最大限度地开采出来，延长矿井服务年限。粉煤灰膏体充填材料主要由粉煤灰、复合胶结料和水组成。

2.1.1　选择依据

随着科技的快速发展及国家对环境问题的日益重视，矿山所用的充填材料已从传统的山砂、河砂、海砂、棒磨砂等自然或人工砂石向以粉煤灰、尾砂、炉渣等工业废料过渡。经过矿山现场和各大科研院所的合作努力，用工业废料作充填材料的应用技术也日渐成熟。因此，无污染、低成本的无废料开采是未来采矿技术的发展方向。对于具体的矿山而言，充填材料的选择要依据矿山的具体情况而定，如煤矿的全采全充，充填体同时担负着支撑围岩、传递应力、隔热等多重作用，因而对其质量的要求更加严格。所以，对充填材料的选择要遵循以下四个方面的原则[28,43]：

(1) 保证安全生产的原则

长期以来，我国煤矿企业安全生产工作基础薄弱，安全形势不容乐观，一些煤矿企业的重大安全生产事故呈明显的上升趋势。在煤矿企业的实际生产中，地质条件复杂，安全隐患多，作业条件艰苦，因此，在做任何生产决策和技术改进前，必须首先考虑安全问题，其次再考虑生产效率和经济效益问题。

(2) 成本最低的原则

在确保安全生产的条件下，追求最大的利润、获取最高的经济效益一直是煤矿企业追求的目标。因此，在矿山充填中，保证充填体质量的前提下，要使用最简单、实用的充填工艺，采用最廉价的充填材料，以达到最经济充填的目的。为此矿山要努力推进技术进步，不断寻求水泥等昂贵胶结材料的替代品(如粉煤灰、水淬渣等)，以降低水泥消耗量。在用分级尾砂充填的矿山，要设法提高充填料浆的输送浓度，减少料浆的含水量，从而提高充填的效率。矿山也要不断研究充填体的作用机理，寻求符合矿山实际的、合理的充填体质量，实现技术可行、经济合理的充填工艺流程。

(3) 环境保护的原则

矿产资源为国家发展提供了重要保证，但采矿带来的环境问题已日益受到全社会的高度重视。因炉渣及尾砂等工业废料一直排放于地表渣库，不仅占用了宝贵的土地资源，而且由此引起的扬尘、污水排放等严重污染了环境，影响了农作物的生长，加重了企业的经济负担，因此，使用无废料开采是各矿山共同面对的课题。

为满足矿山充填的需要，部分或全部使用炉渣、尾砂、废石等工业废料做充填料，用粉煤灰、细磨炉渣等具有火山灰性质的废料代替部分水泥，是降低成本、减轻环境污染的有效途径。

(4) 材料来源充足的原则

充填材料的选择要立足于就地取材的原则，材料的来源一定要充足，便于采集、加工和运输。工业废料充足的地方一定要充分利用废料充填，这样有助于缓解充填材料的来源紧缺问题，同时也减少了对环境的污染。

2.1.2 粉煤灰膏体充填材料及其物化性质

2.1.2.1 复合胶结料

针对煤矿固体废物膏体充填的需要，中国矿业大学初步研制了 PL 和 SL 两个系列复合膏体充填胶结料[44]，能够满足不同条件矿山膏体充填工程的需要，并具有以下显著特点：

（1）能够与含泥量高的各种集料正常凝结固化，为最大限度地应用各种固体废弃物创造了十分有利的条件。

（2）在极少用量条件下（胶结料含量一般为2%～5%）就能使制作的膏体料浆形成所需强度的固化体，并且早期强度高，后期强度持续增长。

（3）生产成本低。

2.1.2.2　粉煤灰充填材料的物化性质

粉煤灰是从燃烧煤粉的热电厂锅炉烟气中收集到的细粉末，其成分与高铝黏土相近，由极细的颗粒组成，大部分为玻璃体，少量的为结晶体及炭分。随着煤种、煤的来源、煤粉细度、锅炉的设计、锅炉的负荷及燃烧条件、收尘、输送及储存方法等的不同，粉煤灰的物理和化学性能也不同，我国粉煤灰的物化性能波动较大[44-45]。

下面以河北邢台矿电厂粉煤灰的质量做物化分析为例进行介绍。

（1）化学性能

① 化学成分

粉煤灰的化学成分因煤的品种和燃烧条件不同，其化学成分波动很大。从化学成分看，粉煤灰属于 $CaO\text{-}Al_2O_3\text{-}SiO_2$ 系统，根据水泥化学国际会议报告综述的若干国家粉煤灰化学分析统计，一般低钙粉煤灰的主要化学成分的变化范围是：SiO_2 40%～58%，Al_2O_3 21%～27%，Fe_2O_3 4%～17%，CaO 4%～6%，烧失量0.7%～10%。我国粉煤灰化学成分一般也在这个范围内[34]，但 Al_2O_3 烧失量过高，当然邢台矿粉煤灰也是如此。邢台矿粉煤灰的化学成分见表2-1。

表2-1　邢台矿粉煤灰化学成分　　单位：%

品种	烧失量	SiO_2	Al_2O_3	Fe_2O_3	MgO	CaO
邢台矿电厂粉煤灰	9.25	42.56	30.97	4.69	10.8	1.73

② 粉煤灰活性

粉煤灰的活性是指其水化硬化的能力。粉煤灰的活性激发并不是新的概念，人们早就认识到粉煤灰的活性，并认为这种“潜在”活性在碱性介质或酸性介质特别是碱性介质中可以得到激发。但寻找快速与完美的激发剂及激发方式仍是很多研究者所致力的主要方向。关于粉煤灰具有活性的原因众说不一，以往的研究概括起来主要有偏高岭土论点和玻璃化论点[46]。偏高岭土论点认为粉煤灰渣具有活性的原因是高岭土脱水变成了偏高岭土，而另一种观点认为玻璃体是粉煤灰产生活性的主要成分。后来试验证明，只有当燃料中无机矿物以高岭石为主，燃烧温度又在 600～950 ℃时，才能应用偏高岭土论点来解释灰渣的活性。故用此论点解释粉煤灰的活性是不恰当的。现在大多观点更倾向于玻璃化理论，认为玻璃体是粉煤灰具有活性的主要成分。

激发粉煤灰火山灰活性的方法有物理、化学和复合激发三类[47-52]。其中，复合激发是综合物理和化学激发各自的特点，对粉煤灰进行改性，从而激发粉煤灰火山灰活性常用方法。

(2) 物理性能

粉煤灰的物理性能主要表现为密度、粒度分布和需水量比等。

① 密度

邢台矿电厂粉煤灰的实测密度为 2.26 g/cm^3。

② 粒度分布

试验用标准筛对邢台矿电厂粉煤灰进行了筛分，并对粒径小于 0.08 mm 的部分进行激光粒度分析，结果如图 2-1 和图 2-2 所示。其中，粒径大于 0.08 mm 的部分占 31.6%，而粒径大于 0.045 mm 的部分占 52.1%。参照《用于

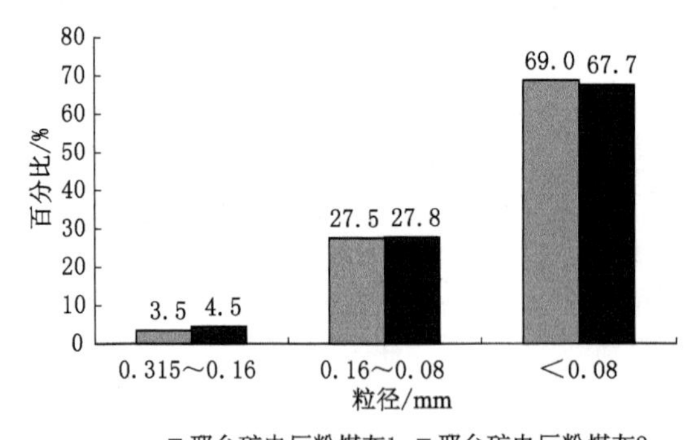

图 2-1 标准筛筛分粒度分布图

水泥和混凝土中的粉煤灰》(GB/T 1596—2005)的要求，Ⅲ级粉煤灰+0.045 mm 的部分要不大于 45%，邢台矿粉煤灰达不到Ⅲ级细度标准，总体上属于级外品粗灰，但其细粒部分中−20 μm 颗粒占 23%，与优质膏体中−20 μm 细颗粒料要大于 15%的要求相比，邢台矿电厂粉煤灰细粒部分比例稍微偏大，容易降低膏体配比浓度。

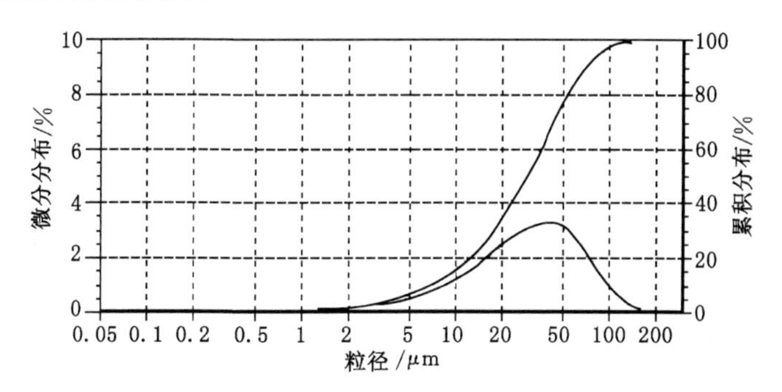

图 2-2　−80 μm 粉煤灰粒度分布图

③ 标准稠度用水量

试验按照《水泥标准稠度用水量、凝结时间、安定性检验方法》(GB/T 1346—2011)标准要求，对邢台矿电厂粉煤灰进行了标准稠度用水量实测，其用水量为 66%，因此邢台矿电厂粉煤灰拌制净浆用水量较大，对于提高浆体浓度不利，需要考虑添加其他混合材料。

在这些性能指标中，粉煤灰的细度是其中一项重要参数，它往往决定着其他参数的大小。因此，与细度密切相关的颗粒特性自然就成了粉煤灰物理性能研究的重点。

(3) 颗粒特性[53]

粉煤灰是由煤粉燃烧经过急冷于一定温度阶段内形成的粉状硅酸盐物质。在无数颗粒中，各颗粒的原始化学组成有某些差异，所经受的热过程也不一致，因而反映在显微结构上也不尽相同。通过观察和分析粉煤灰的显微结构，可以对其品质进行评价。粉煤灰的颗粒组成可以从形貌上粗略地分为球状颗粒、不规则多孔颗粒和不规则颗粒三大类。

① 球状颗粒

球状颗粒主要包括漂珠、空心沉珠、复珠、密实沉珠和富铁微珠等五类。

其形成机理为：若煤粉颗粒经过高温区的时间较长，在较高的煅烧温度下，煤粉颗粒很容易形成熔融体，或者温度虽然不是很高，但颗粒中含高熔点物质少、含低熔点物质相对较多时，也很容易形成熔融体。所以，该熔融体具有较低的黏度和较大的表面张力。在表面张力的作用下，熔融液滴很容易形成球形。若该液滴迅速冷却，即形成球状玻璃体，如图 2-3 中圆形部分所示。如果在玻璃体形成过程中，有 CO_2 和 N_2 生成，并且没有溢出，就会形成空心玻璃体。因此，在这些球状颗粒中有空心的、光滑的、连生的颗粒等。

图 2-3　邢台粉煤灰颗粒

② 不规则多孔颗粒

不规则多孔颗粒主要包括多孔玻璃体（图 2-4、图 2-5）和多孔碳粒（图 2-6）。多孔玻璃体的形成机理为：由于煅烧温度比形成球形玻璃体时的温度低，或者是煤粉经过高温区的时间较短，或者是颗粒中高熔点物质较多、较低熔点物质相对较少，虽然煅烧温度较高，但仍不能使煤粉颗粒完全熔融，所以该熔体具有较高的黏度和较小的表面张力，不易形成圆球形颗粒，但由于燃煤燃烧过程中，燃气的形成和逸出使该液滴的体积急剧膨胀并形成多孔，该熔体迅速冷却，形成多孔玻璃体。在形成过程中，若有一部分气体逸出，则此多孔玻璃体具有开放性孔穴，易表面成蜂窝状结构，用扫描电子显微镜可观察出它的形貌。若有一部分气体未逸出，仍包裹于颗粒之中，则此多孔玻璃体具有封闭性孔穴，内部易形成蜂窝状结构。多孔玻璃体具有较大的

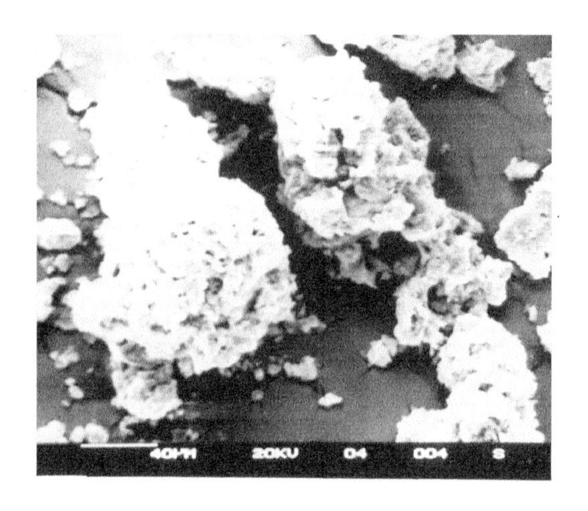

图 2-4　海绵状玻璃体(a)

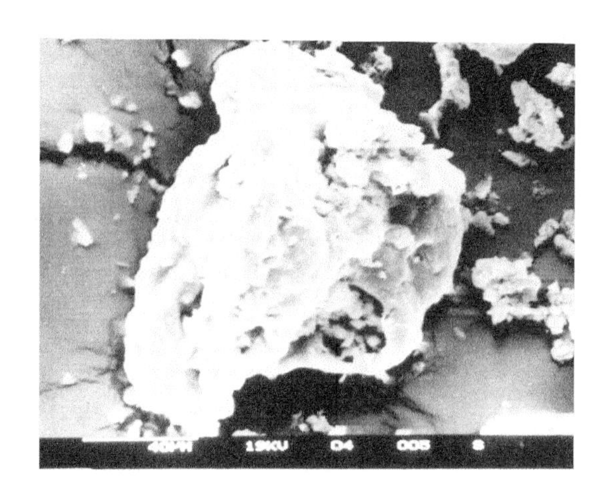

图 2-5　海绵状玻璃体(b)

内比表面积,它的表面黏附着很多细小的密实玻璃微珠,还黏附有部分晶体矿物,这些颗粒相对很大,尺寸多在几十微米至几百微米。而多孔碳粒主要是煤粉燃烧不充分所形成的。

③ 不规则颗粒

不规则颗粒包括结晶矿物及其碎片和玻璃体碎屑。这类颗粒在粉煤灰颗粒的组成中只占很小一部分。

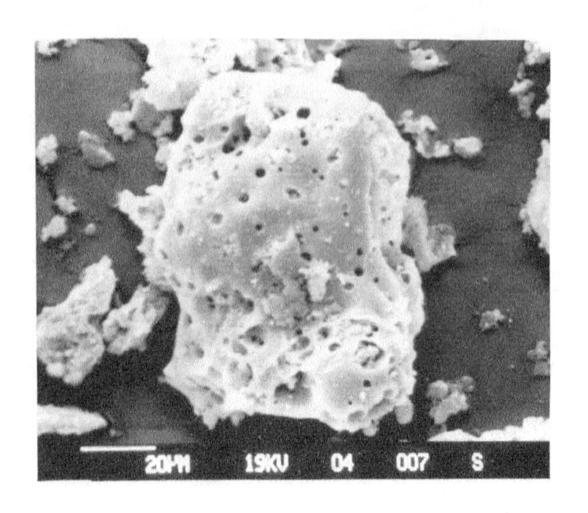

图 2-6 多孔碳粒

综上所述，燃烧程度完全的粉煤灰基本上都由玻璃珠组成，燃烧不完全时多孔玻璃体和多孔碳粒含量较高。粉煤灰的品质主要取决于这些粒径、形貌不一的各种颗粒成分的组合比例。对于邢台煤矿电厂粉煤灰而言，从其SEM图可以看出，该粉煤灰球状颗粒较少，不规则多孔玻璃体和多孔碳粒较多，以至于不能体现粉煤灰的形态效应和微集料效应，所以导致粉煤灰活性低，粉煤灰净浆需水量大，几乎无强度，若要提高其活性，需要加入外加剂来加以改善。

2.2 粉煤灰膏体的配比选择与影响因素分析

2.2.1 配比选择依据

充填料的合理配比是决定充填质量的首要因素，虽然不同采矿方法对胶结充填体的强度要求不同，但总的来说，对于充填料浆配合比的选择，都要遵循以下五点基本原则：

(1) 选择合理的充填材料[54]

充填成本是采用胶结充填采矿法的矿山在采矿成本中占比例较高的一项，充填材料的费用又是构成充填成本的主要部分。因此，矿山在选择充填材料时，首先要保证充填材料的来源广、成本低。研究证实，粉煤灰作为固体工业废料，完全可以将其在矿山充填中加以利用。河北邢台存在大量的粉煤灰需要处理，可作为充填材料的首选材料。这样既能解决粉煤灰对环境的污染，又能节约企业处理粉煤灰的高额费用。

（2）满足输送工艺的要求

目前大多数胶结充填矿山对充填料浆的输送都采用管道输送的方式，所以充填料浆的流动性必须满足管道输送的要求。在充填倍线确定的前提下，保证将充填料浆以自流或泵送的方式顺利地输送到井下采空区，是实现胶结充填的先决条件。

（3）充填成本最低

合理利用水泥、充分发挥水泥的潜在作用以及用廉价的胶结材料代替或部分代替水泥，是降低充填成本的一条重要途径。

（4）配合比及制备工艺简单

在实际的矿山生产中，充填材料种类越少，地表储料仓的建设和占地就越少，建设规模越小，相应的充填制浆系统越简单，充填料浆的配合比就越容易控制；反之，则整个制备站工艺复杂、控制烦琐，而且存在各种物料供料的波动性，对制成料浆的质量有较大的影响。所以，在满足其他原则的条件下，应设计简单的料浆配合比和制浆系统。但要在充填规模大、充填材料来源丰富和充分考虑了综合技术经济指标的前提下，才可考虑多种物料的搭配方式。

（5）充填体强度必须满足采矿工艺的要求

应在控制充填成本的前提下，选择合理的配比，使其能有效地保证充填体的强度，满足采矿工艺的要求。

2.2.2　粉煤灰膏体充填的配比选择

（1）充填工艺对配比的要求

由于粉煤灰膏体充填技术在煤矿尚无成功经验，其技术难点多、投资大，因此，试验研究应遵循先易后难、先简单后复杂分步进行的原则。

在邢台矿粉煤灰膏体初步配比试验中，主要需要考虑的要求，一是邢台矿初期主要是利用井下废巷进行粉煤灰的排放处理，对粉煤灰膏体的强度不做要求，膏体性能只要能够满足井下管路泵送需要即可；二是后期在非村庄建筑物下工作面采空区进行粉煤灰膏体充填处理，对地面沉陷的控制也不做要求，只要不影响工作面生产即可。因此，在初步配比试验中，选用了中国矿业大学研制的专用混合料和 SL 系列胶结料，将粉煤灰膏体分为非胶结膏体和弱胶结膏体两种类型。为了优化配比效果，也对粉煤灰净浆做了对比分析，即配比时共考虑三种配比模式：

① “粉煤灰＋水”模式。

② “粉煤灰＋混合料＋水”模式。

③ “粉煤灰＋胶结料＋水”模式。

(2) 配比试验

粉煤灰膏体充填材料是在钱鸣高院士倡导的绿色开采、周华强教授提出的固体废弃物不迁村采煤的背景下，结合邢台矿区实际所研制的一种新型固结材料。

在第一种配比模式情况下，当粉煤灰净浆浓度大于 55％后，坍落度迅速减小，如图 2-7 所示。而一般泵送混凝土坍落度要求在 18～20 cm 内，坍落度过小，物料流动性能差，使得泵送物料所需的压力大，泵送过程中容易堵塞管路。从管路泵送对坍落度性能的要求来考虑，粉煤灰净浆浓度不宜大于 55％，相对于一般膏体浓度而言，粉煤灰净浆的浓度偏低。此外，粉煤灰净浆保水性能较差，浆体一旦停止搅拌便开始快速泌水，1 h 内泌水率就高达 13％，如图 2-8 所示。要降低泌水率，就要提高浓度，而提高浓度又会导致坍

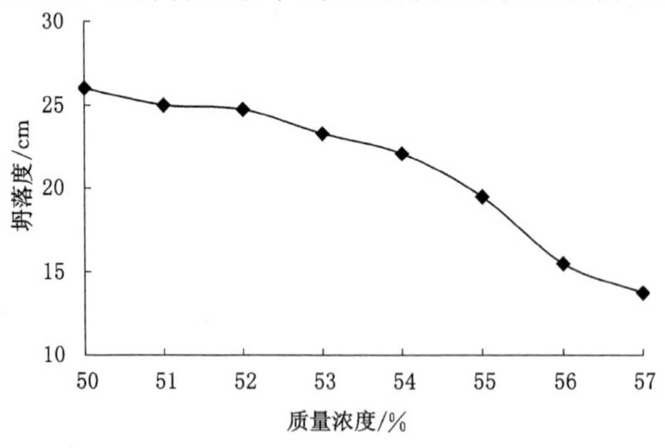

图 2-7 粉煤灰净浆坍落度与浓度关系图

落度降低，显然，邢台矿电厂粉煤灰净浆难以满足管路泵送的要求，这与前面对其粉煤灰品质的分析结论是一致的。因此，要把邢台矿电厂粉煤灰配制成具有良好泵送性能的膏体，还需要通过添加新的物料来改善净浆的性能。

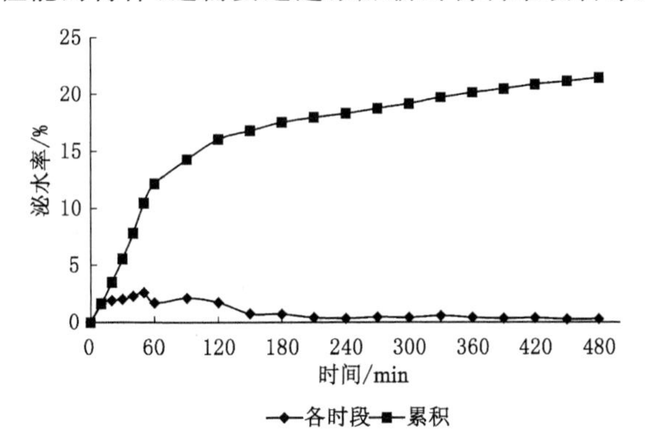

图 2-8　粉煤灰净浆泌水率图（C_w＝56％）

在第二种、第三种配比模式情况下，粉煤灰添加混合料或胶结料后，最终泌水率为 5％，泌水有了较大的改善；浓度在 55％～60％范围内，其坍落度可达到 25 cm，满足泵送性能要求。

（3）确定配合比

经试验其基本配比范围可确定，见表 2-2，最终的优化结果在该范围内。

表 2-2　　邢台矿粉煤灰膏体初步配比结果

充填材料	充填材料用量范围
质量浓度/％	55～60
粉煤灰/（kg/m^3）	650～860
混合料/（kg/m^3）	40～150
水/（kg/m^3）	600～660

2.2.3　影响粉煤灰膏体强度的相关因素分析

为了研究粉煤灰膏体的配比，找出影响粉煤灰膏体强度的影响因素，本书以粉煤灰用量、混合料的用量和充填料浆浓度为影响因素，以强度为目标，分别对各影响因素加以试验，并求出相应的近似解析表达式。

（1）SL胶结料对粉煤灰膏体充填材料强度的影响

在粉煤灰用量为700 kg/m³、浓度为54%的条件下，SL胶结料与粉煤灰膏体强度的关系如图2-9所示，其曲线可以近似用公式 $y=0.0643e^{0.0127x}$ 来表示。

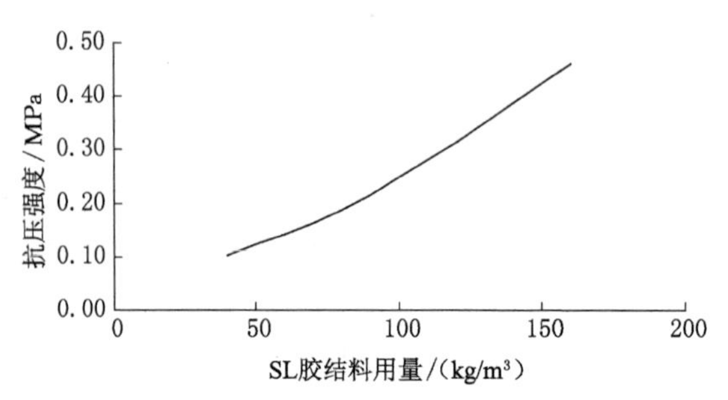

图2-9　SL胶结料与粉煤灰膏体强度的关系曲线

由图2-9可以看出，粉煤灰膏体的强度随着SL胶结料(40～160 kg/m³)的增加，呈指数级的增长，SL胶结料对粉煤灰膏体的影响显著。在这里针对邢台煤矿初期的粉煤灰膏体的要求，在满足泵送性能的情况下，使充填成本最低。

（2）浓度对粉煤灰膏体充填材料强度的影响

在SL胶结料用量为80 kg/m³、粉煤灰用量为700 kg/m³固定的情况下，浓度与粉煤灰膏体强度的影响关系如图2-10所示。

由图2-10可以看出，浓度与粉煤灰膏体强度的关系可以近似用公式 $y=$

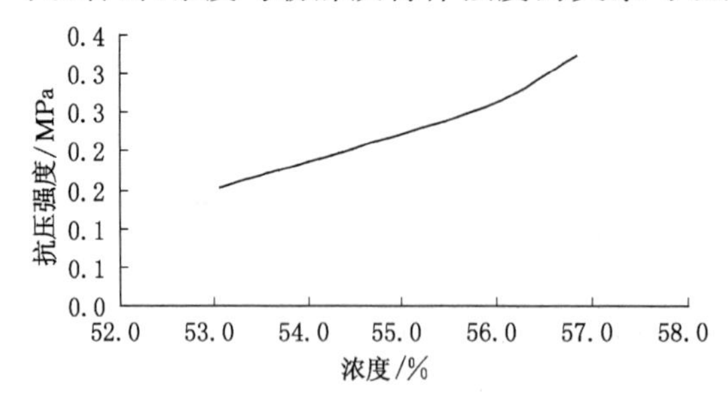

图2-10　浓度与粉煤灰膏体强度的关系曲线

$4.3775x-2.1753$ 来表示。一般来说，对于低浓度的浆体胶结料来说，增大其浓度必然要提高其强度，这是因为低浓度胶结料料浆的水灰比通常都大于1.5，提高了浓度实质上是降低了水灰比，所以可以提高其强度。对于粉煤灰膏体料浆来说，其浓度较高，但是由于膏体料浆必须满足一定的流动性，这就使得膏体料浆的水灰比在1.0左右，与混凝土中的饱和水灰比还有一定的距离，所以，提高料浆的浓度也可以提高其强度。

2.3　本章小结

本章对粉煤灰膏体充填材料及其选择依据、粉煤灰膏体的配比及其依据等相关问题进行了研究，并对充填材料的物理化学性质进行了测定，在满足邢台煤矿要求的情况下确定了最优的配比范围，并对影响配比的因素进行了分析。具体得出的结论为：

(1) 邢台矿粉煤灰粒径大于0.045 mm的部分占52.1%，达不到Ⅲ级粉煤灰(+0.045 mm的部分要不大于45%)的细度标准，总体上属于级外品粗灰，标准稠度用水量66%，用水量大，对提高粉煤灰膏体的浓度不利。

(2) 粉煤灰添加混合料或SL胶结料后，对粉煤灰膏体的泌水有了较大的改善，浓度在55%～60%时，其坍落度可达到25 cm，满足泵送性能要求，初步确定最优的配比范围：混合料为40～150 kg/m^3，粉煤灰为650～860 kg/m^3。

(3) 邢台煤矿SL胶结料用量、浓度与粉煤灰膏体强度的关系式分别为 $y=0.0643e^{0.0127x}$，$y=4.3775x-2.1753$。粉煤灰膏体的强度随浓度的增加呈线性增长，随SL胶结料用量的增加呈指数增长，这对粉煤灰膏体充填材料配比的选择具有借鉴意义。

第3章　粉煤灰膏体的管道输送理论和阻力特性研究

3.1　粉煤灰膏体的管道输送理论

3.1.1　国内外管道输送的现状

管道水力输送技术早在19世纪中叶就开始形成，但作为浆体管道输送的理论基础——固液混合物的流动理论，则是国外20世纪30年代初才开始研究的。半个多世纪来，随着理论研究的不断深化，管道输送技术的应用得到迅速发展，已成为当今世界上五大运输手段（铁路、公路、水运、空运、管道输送）之一，在国民经济建设中占有重要地位。表3-1是国外几条有代表性的商业浆体管道[55]。

表3-1　国外几条有代表的商业性浆体管道输送工程

输送物料	管路名称	长度/km	管径/mm	投入运行时间
煤	美国黑密萨	440	457	1970年
精铁矿	阿根廷格兰德	32	203	1976年
精铁矿	巴西萨马科	410	508	1977年
精铜矿	新几内亚波甘维尔	27	152	1972年
石灰石	美国卡拉维拉斯	27	178	1971年

相比之下，我国的浆体管道输送技术的研究和应用是从20世纪70年代

后期才开始起步的，但发展迅速，目前已在冶金、矿业、化工、建材、电力和核工等部门得到大量的应用。表 3-2 是我国已建成和规划建设中的一些大型浆体管道输送工程[56]。

表 3-2　我国几条大型浆体管道输送工程

输送物料	管路名称	长度/km	管径/mm	设计单位
煤	长城输煤管路	838	610	石油管道设计院与美国柏克特公司
煤	长江输煤管路	995	965	北京煤炭设计研究院与美国柏克特公司
精铁矿	尖山铁矿	102.3	229.7	鞍山黑色冶金矿山设计院
精铁矿	大红山铁矿	197	168.3	长沙黑色冶金矿山设计院与美国 PSI 公司
精铁矿	攀西二基地铁矿	580	426	长沙黑色冶金矿山设计院
精铁矿	平川铁矿	60	156	长沙黑色冶金矿山设计院与美国柏克特公司
精磷矿	翁福磷矿	44	228.6	连云港化工矿山设计院与美国 PSI 公司
精磷矿	宜川磷矿	110	285	连云港化工矿山设计院

3.1.2　存在的问题

国内外学者对浆体管道输送特性的研究主要是针对输沙、输煤和输矿石模型的研究[28,57]。对粉煤灰膏体管道输送特性研究的文献相对较少[58]。由于粉煤灰膏体属浓浆类型，它的输送是一种新兴的输送方式，在理论和技术上都存在一些不够成熟的地方，这主要体现在以下几方面：

(1) 理论方面。浓浆是典型的宾汉塑性流体，它的研究进展依赖于紊流理论的完善。目前，这一领域的研究大多停留在工程近似和试验研究的水平上，因此粉煤灰膏体的输送理论有待进一步研究。

(2) 系统设备方面。目前粉煤灰膏体充填在采矿工程上的应用主要是在金属矿山，如金川矿区、铜绿山矿区等，在煤矿上的应用才刚刚起步，要建立起适合煤矿的粉煤灰膏体充填系统，有必要对金属矿山的充填系统进行设备的改进和优化。

(3) 设计计算方面。目前有关浓浆管道输送设计计算的基础大多是稀浆输灰或管道输沙理论的修正，由于对浓浆特性考虑的不够全面，因此存在很大误差，阻碍了粉煤灰膏体的应用。

3.1.3 粉煤灰膏体的特性

（1）流变特性

流变特性的研究就是对浆体流型和黏性及其相关性质的探讨，一般通过黏度试验来确定特定固体物质在不同浓度和不同温度下的浆体流型、极限浓度、流变参数等基本物理力学性质，用以判断管道中的流体所属的状态。

① 理论基础[59]

流体在管道中的切应力 τ 与切变率 $\frac{du}{dy}$ 的关系称为流型。流型有两类：一类为与时间无关的流型，一类为与时间有关的流型。工业上常见的流型多为与时间无关的流型，其切变率是切应力的函数，流变关系式为：

$$\frac{du}{dy} = f(\tau) \tag{3-1}$$

式中 $\frac{du}{dy}$——切变率，即流速 u 在垂直轴向 y 方向的流速梯度，s^{-1}；

τ——切应力，Pa。

对于圆形管道，径向的流速梯度为 $-\frac{du}{dr}$，考虑到距管中心处切应力为 $\tau=\tau_w \frac{r}{R}$，将其代入式(3-1)，可得：

$$u(r) = \int_r^R f\left(\tau_w \frac{r}{R}\right) dr \tag{3-2}$$

式中 R——管道半径，m；

τ_w——管壁处切应力，Pa。

又有流量 $q = \int_0^R 2\pi r u(r) dr$，对流量进行分部积分，可得：

$$q = \pi\left[r^2 u(r) - \int_0^{\tau_w} r^2 \frac{du(r)}{dr} \cdot dr\right]_0^R = -\pi\int_0^{\tau_w} r^2 \frac{du(r)}{dr} dr$$

$$= \pi\int_0^{\tau_w} r^2 f(\tau) dr \tag{3-3}$$

由于 $\tau=\frac{\tau_w r}{R}$，$d\tau=\frac{\tau_w}{R}dr$，所以 $r^2=\left(\frac{R}{\tau_w}\right)^2\tau^2$，$dr=\frac{R}{\tau_w}d\tau$，将其代入式(3-3)，

可得：

$$q = \frac{\pi R^3}{\tau_w^3}\int_{\tau_0}^{\tau_w} \tau^2 f(\tau)\,d\tau \tag{3-4}$$

由于 $q=\pi R^2 v$，所以有：

$$\frac{v\tau_w^3}{R} = \int_{\tau_0}^{\tau_w} \tau^2 f(\tau)\,d\tau \tag{3-5}$$

式中　τ_0——屈服应力，Pa；

v——管道内的平均流速，m/s。

稀浓度浆体一般属于牛顿流体，即 $-\frac{du}{dr}=\frac{\tau}{\mu_0}=f(\tau)$，代入式(3-5)，可得：

$$\tau_w = \mu_0\left(\frac{8v}{D}\right) \tag{3-6}$$

式中　D——管道内径，m；

μ_0——流体的动力黏度，Pa·s。

高浓度的粉煤灰膏体一般属于宾汉流体，即 $f(\tau)=\frac{\tau-\tau_B}{\eta}$，代入式(3-5)，忽略高次项，可得：

$$\tau_w \approx \frac{4}{3}\tau_B + \eta\left(\frac{8v}{D}\right) \tag{3-7}$$

式中　τ_B——宾汉流体的极限剪切力，Pa；

η——宾汉流体的刚度系数，Pa·s。

② 试验研究及结果分析

做粉煤灰膏体在不同浓度下坍落度、旋转黏度的测试，测试结果如图3-1、图 3-2 所示。

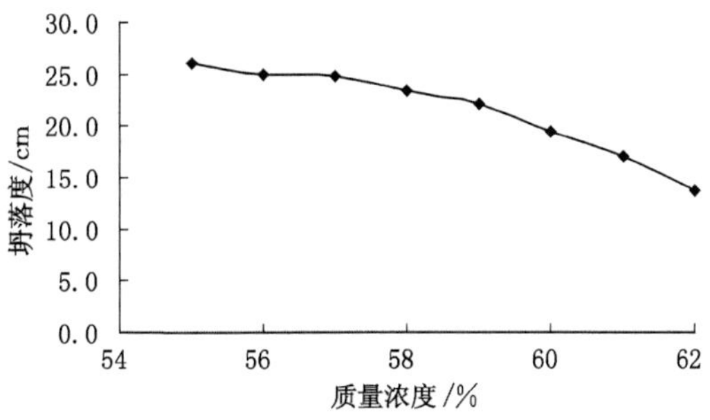

图 3-1　不同浓度下粉煤灰膏体的坍落度

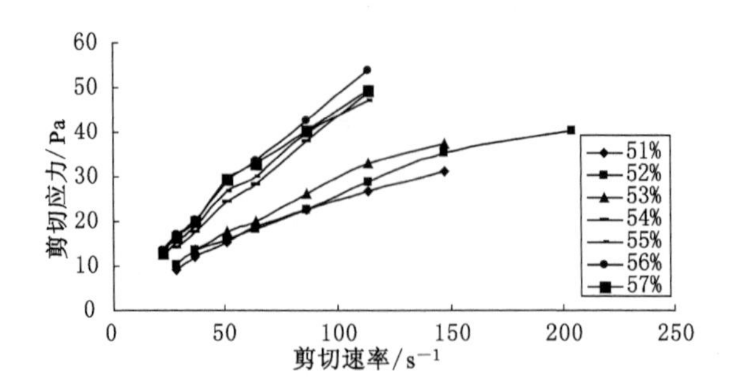

图 3-2 不同浓度下粉煤灰膏体的旋转黏度

根据试验结果,可以得出如下结论:

a. 浓度对坍落度的影响:当料浆浓度大于60%后,坍落度迅速减小,如图3-1所示。坍落度对粉煤灰膏体的可泵性影响很大。如果坍落度过大,流动性好但易产生泌水和离析;如果坍落度过小,物料流动性能差,使得泵送物料所需的压力大,两者在泵送过程中都会造成管路堵塞。根据泵送混凝土规程[60],一般泵送混凝土坍落度要求在18～20 cm内,粉煤灰膏体泵送的坍落度也差不多在此范围。

b. 浓度对流变特性的影响:根据前面的原理分析,从图3-2中可以看出粉煤灰膏体为宾汉流体,出现宾汉流体极限剪切力τ_B。

c. 温度对黏度的影响:对灰浆进行了不同温度的试验,发现灰浆的黏度随温度的升高而下降,这与水的黏度特性关系相似。这主要是因为液体的黏性力主要取决于分子间的引力。温度升高,分子间距离增大,引力减小,因而黏性下降。同时试验温度在15～25 ℃之间变化时,灰浆的黏度波动范围不大,因此,在实际应用中可以不考虑温度对黏度的影响。

(2) 粉煤灰膏体水力输送机理的特性

由于粉煤灰具有区别于其他一切物料的独特的物化性质,因此有必要就以下几个方面对粉煤灰水力输送机理[61]做进一步的讨论。

① 粒径大小的影响

由于粉煤灰粒径大部分在10～100 μm之间,从杜兰特理论[62]来说,这是伪均质混合物,可以产生离析现象;在高流速的情况下,即在紊流输送时,可以把这种复杂的两相流体简单地视为均质流体。可根据此情况来进行充填系统的选型计算，实践证明可完全应用于工程实际[63]。

② 颗粒形状的影响

粉煤灰颗粒有粗细之分，用SEM光学显微镜观察表明，粉煤灰颗粒主要由漂珠、沉珠、磁珠、碳粒、不规则多孔体等粒子组成，粗颗粒为不规则形状，细颗粒多为球形颗粒，其中球形颗粒占总量的60％以上。配制而成的粉煤灰膏体在输送过程中沿程阻力较小，需要的能耗较小。

③ 比重的影响

不同粒径的粉煤灰具有不同的比重，粒径越大，比重越小，这一点同砂的区别很大。对于粉煤灰而言，由于大颗粒比重小，所以不易沉降，而小颗粒受紊流的影响很大，这样在一定流速下，就可以全部悬移，而且达到均质也比较容易，这也是粉煤灰与砂不相同的地方。

④ 流变特性的影响

浆体的黏度不同，则其流态就不一样，这对于输送是有很大影响的。粉煤灰浆体在低浓度时为牛顿流体，高浓度时呈非牛顿性，一般认为是宾汉流体。呈现非牛顿性的一个显著特点就是黏度的急剧增加，浆体的黏度对管道水力坡度所起的作用得到加强。

⑤ 浓度的影响

在低浓度下，浆体重度小，细颗粒受到的浮力小，易沉降；而在高浓度下，浆体重度大，粉煤灰颗粒受到的浮力大，不易沉降。因此，提高浓度不仅提高了输送量，而且有利于输送。但是我们也应看到另一方面，浓度越高，非牛顿性越强，而且是呈指数性提高，这就意味着能量的巨大消耗，因此选择适当的浓度是很必要的。

3.2　粉煤灰膏体输送环管试验

充填料浆管道输送是一种建设快、工效高、成本低、劳动强度低和易于实现机械化和自动化的充填工艺。结合各矿山的具体情况，因地制宜地找到一种低成本、高强度，又适于管道输送的胶结充填材料，是实现充填的前提。由于充填物料的复杂性，进行管道输送系统的设计仅仅依靠理论计算会产生较大的误差，管道输送的各种参数都必须通过大量的管道输送试验来确定[64]。

浆体管道输送中最主要的参数是最佳输送浓度、最佳输送阻力等，主要受固体颗粒物料的物理性质、浆体流态、流型、流动性质、黏性、管径等因素的影响。例如，单就固体颗粒物料的物理力学性能来说，就是千差万别，所以很难用一种经验公式来加以计算，在目前情况下，要解决邢台煤矿充填处理粉煤灰这一问题，首先需要借助试验方法加以确定。

3.2.1 国内外管道输送试验的研究概况

目前，国内外建立的管道输送试验系统情况见表3-3、表3-4。本书研究的粉煤灰膏体管道输送试验以中国矿业大学充填采矿实验室的充填系统为基础。

表3-3　国外有代表性的管道输送试验系统

单位	管路系统			主要设备及仪表
	管路布置	管径/mm	管长/m	
肯塔基大学	闭式循环管路(水平、倾斜0°～33°)	51	40	射流泵、电磁流量计、差压计、γ射线密度计
卡尔斯鲁厄大学	闭式循环管路(水平)	25、50、80、100	50	隔膜泵、离心泵、电磁流量计、膜片差压计、γ射线密度计
Saskatchewan研究所	闭式循环管路(水平)	50、100、150、200、250、300、500	100～150	沃曼泵、ASH泵、螺杆泵、文丘里管流量计、压力传感器
密苏里大学管道输送技术中心	闭式循环管路(水平)	55、204	23～131	射流泵、超声波流量计、压力传感器、激光测速仪

表3-4　我国有代表性的管道输送试验系统

单位	管路系统			主要设备及仪表
	管路布置	管径/mm	管长/m	
长沙矿冶研究院	闭式循环管路(水平)	44、100、124、154、203、255	—	8/6E-AH、6/4E-AH渣浆泵，电磁流量计，差压变送器，γ射线密度计，热敏式VD仪
清华大学泥沙研究实验室	闭式循环管路(水平)	51、94、148、205	70～90	4PS、6PS砂浆泵，电磁流量计，γ射线密度计，差压变送器

续表 3-4

单位	管路系统			主要设备及仪表
	管路布置	管径/mm	管长/m	
唐山煤炭研究院管道运输研究所	闭式循环管路(水平)，ϕ76 管道设有可调、倾角(0°～20°)的U形段	46、76、100、150、200、250	74～1 430	沃曼泥浆泵、油隔离泵、螺杆泵、电磁流量计、γ射线密度计、差压变送器
北京电力建设研究所	闭式循环管路(水平)	57、108、159、219	75	6PB灰渣泵、电磁流量计、电磁流量计、U形差压计、差压变送器、γ射线密度计

充填采矿实验室是中国矿业大学“211工程”重点项目建设成果，是煤炭资源与安全开采国家重点实验室、矿山开采与安全教育部重点实验室的重要组成部分。

充填采矿实验室主要为发展“高效安全、高采出率、环境协调”的绿色开采新技术，特别是固体废物膏体充填采矿技术，解决我国煤矿开采沉陷破坏、采出率低等重大理论与技术问题，实现固体废物资源化利用，提供先进的科技创新基地，成为高水平人才聚集与培养的平台。

(1) 主要装备与仪器

① 材料制备与性能试验系统。

② 细粒料浆充填试验系统。

③ 粗粒料浆充填试验系统。

④ 20 MN高温高压伺服控制岩体三轴试验机。

(2) 研究方向

① 固体废弃物膏体充填材料。

② 采动岩层充填控制理论与设计方法。

③ 充填采矿工艺与关键设备。

④ “三下一上”开采。

⑤ 保水采煤。

⑥ 深部开采与地热利用。

其中，本书研究内容所使用的系统为细粒料浆充填试验系统。该系统主要是针对金属矿山尾砂充填工艺试验的需要自行设计组建的，主要设备包括立式砂仓(30 t)、旋流器(CZ-150)、渣浆泵(3/2C-AH、6/4E-AH 沃曼泵各 1 台)、高浓度强力搅拌桶(ϕ2×2.1 m、ϕ1.5×2.0 m 各 1 台)、高速活化搅拌机、高压浓密机(HRC-3.0)、陶瓷过滤机(HTG-4.5)、胶带核子秤等。试验过程采用霍尼韦尔公司 PlantScape 系统的 HC900 混合控制系统、“三维力控”人机操作界面和智能检测仪表,实现自动检测和自动控制。

系统工艺流程与计算机控制界面图如图 3-3 所示,实物如图 3-4 所示。

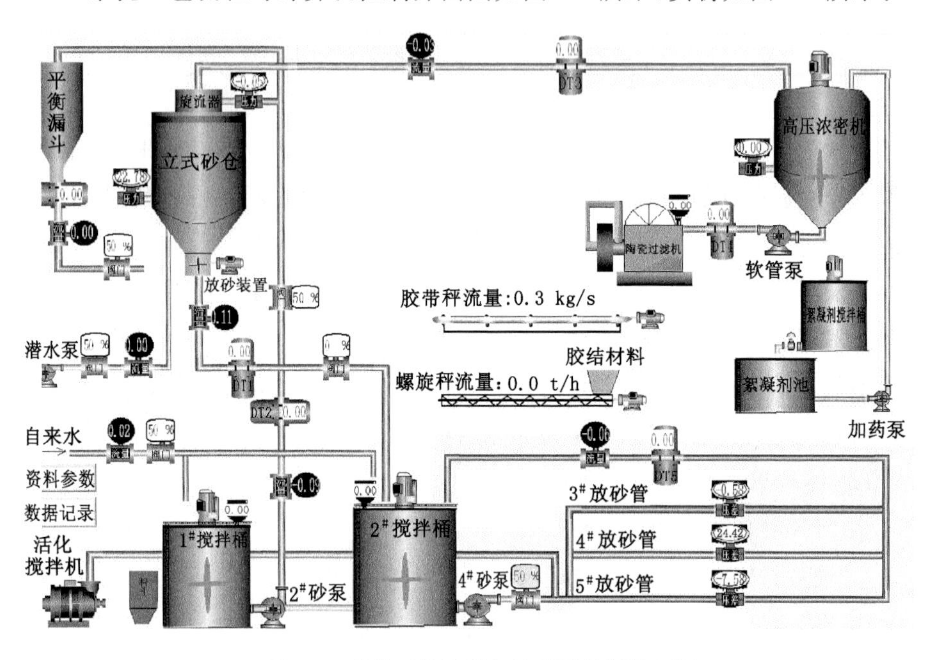

图 3-3　系统工艺流程与计算机控制界面图

该系统可以实现的功能有:脱泥尾砂立式砂仓充填料浆制备工艺试验;全尾砂高压浓密机、陶瓷过滤机胶结料浆制备工艺试验;−5 mm 细粒料浆管道输送试验;高压浓密机浓缩试验;陶瓷过滤机脱水试验;立式砂仓放砂试验;临界流速试验;等等。

3.2.2　粉煤灰膏体输送测试

(1) 管道水力坡度测试的试验方案

在一定压力作用下,浆体在管道中的流动必须克服与管壁产生的阻力和

图 3-4　中国矿业大学细粒料浆充填工艺试验系统

产生湍流时的层间阻力，统称为摩擦阻力损失，亦称水力坡度。影响粉煤灰膏体料浆管道水力坡度的因素较多，每个因素可取不同的值，全面试验有很大的工作量和难度。正交试验方法可以从大量的试验方案中挑选出有代表性的进行试验，这些方案具有“均衡分散性”和“整齐可比性”的特点，可以用部分、少量的试验结果通过分析处理，反映其中内在的本质规律[65]。这种方法有两方面的优点：一方面，有规律地减少试验次数，只做有代表性的部分试验，并能在错综复杂的试验中对结果做出科学的分析（有时即使不减少试验次数，也可以把问题做出科学的分析）；另一方面，利用空列极差给出试验误差的估计。

① 正交因素与水平

通过上一节分析可以看出，在影响管道水力坡度的诸多因素中（如流速 v、管径 D、浆体浓度 C_w、浆体黏度 μ、管壁粗糙度 ε、颗粒粒径 d_s、形状和颗粒级配等），其中由于粉煤灰颗粒大多在 10～100 μm 之间，因此粒径的影响可以忽略，同时浓浆输灰中管壁粗糙度、形状和颗粒级配的影响甚微，也可以不考虑。流速、管径、浆体浓度等三个因素对管道的阻力影响较大，鉴于以上考虑，我们选取了这三个因素进行非线性分析。

选择三因素三水平的正交试验表头，各因素和水平的取值见表 3-5。

表 3-5　　三因素三水平试验表头

因素名称 水平	流速/(m/s) A	管径/mm B	浓度/% C
1	1	75	51.5
2	1.5	100	53.3
3	2	125	54.6

② 正交试验方案

选用四因素三水平正交试验表，结合具体试验因素与水平，制订试验方案，见表 3-6。

表 3-6　　管道输送水力坡度正交设计方案

序号	A	B	C	试验方案 ABC
1	1	1	1	$A_1B_1C_1$
2	1	2	2	$A_1B_2C_2$
3	1	3	3	$A_1B_3C_3$
4	2	1	2	$A_2B_1C_2$
5	2	2	3	$A_2B_2C_3$
6	2	3	1	$A_2B_3C_1$
7	3	1	3	$A_3B_1C_3$
8	3	2	1	$A_3B_2C_1$
9	3	3	2	$A_3B_3C_2$

(2) 试验用料

如前所述，邢台煤矿实施充填的充填材料包括粉煤灰、水和弱胶结料，充填材料的用量按以下公式计算：

$$C_w = \frac{F + C}{F + C + W} \tag{3-8}$$

$$\frac{F}{\gamma_F} + \frac{C}{\gamma_C} + W = 1\ 000 \tag{3-9}$$

式中　F——粉煤灰的用量，kg；

C——弱胶结料的用量，kg；

W——水的用量，kg；

C_w——粉煤灰膏体料浆的质量浓度，%；

γ_F——粉煤灰的密度，kg/m^3；

γ_C——弱胶结料的密度，kg/m^3。

按浓度计算可得到各个浓度下的质量，见表 3-7。

表 3-7　　粉煤灰、水和弱胶结料的加量表

项目	粉煤灰含水率/%	粉煤灰/kg	水/kg	弱胶结料/kg	浓度/%
一	9.2	3 109	2 024	0	55
二	9.2	0	194	0	53
三	9.2	0	209	0	51
四	9.2	0	125	645	55

（3）管道输送水力坡度测试结果

测试的数据在前面的管道输送环管试验获得，在不同管径、流速、浓度下，管道输送水力坡度见表 3-8。

表 3-8　　管道输送水力坡度测试结果

试验方案 ABC	流速/(m/s) A	管径/mm B	浓度/% C	水力坡度/(kPa/m)
$A_1B_1C_1$	1	75	51	3.6
$A_1B_2C_2$	1	100	53	3.7
$A_1B_3C_3$	1	125	55	3.5
$A_2B_1C_2$	1.5	75	53	5
$A_2B_2C_3$	1.5	100	55	6.5
$A_2B_3C_1$	1.5	125	51	3.7
$A_3B_1C_3$	2	75	55	8.3
$A_3B_2C_1$	2	100	51	7.5
$A_3B_3C_2$	2	125	53	5.6

3.3 粉煤灰膏体输送阻力特性影响因素分析

根据以上的讨论可知，粉煤灰膏体料浆输送阻力特性的影响因素主要包括：管道特性（管径、流速、粗糙度）、粉煤灰特性（密度、直径、形状、级配）和浆体特性（浆体重度、黏度）。下面以中国矿业大学充填采矿实验室的膏体充填环管试验系统为背景，系统地论述各因素的单独作用效果，并采用多因素非线性的遗传人工神经网络对主要影响因素进行优化控制。

3.3.1 单因素影响分析

(1) 管道特性的影响

① 流速对压力损失的影响

流速对管道阻力特性的影响关系从图 3-5 中可以看出，在流速 0.5～2 m/s 范围内，随着流速的增加，管阻近似呈线性增大，随不同管径有所区别。但是在流速很小时，存在一定的颗粒沉积，而流速很大时，管阻会很大，因此实际运行时选择一个合适的流速至关重要。

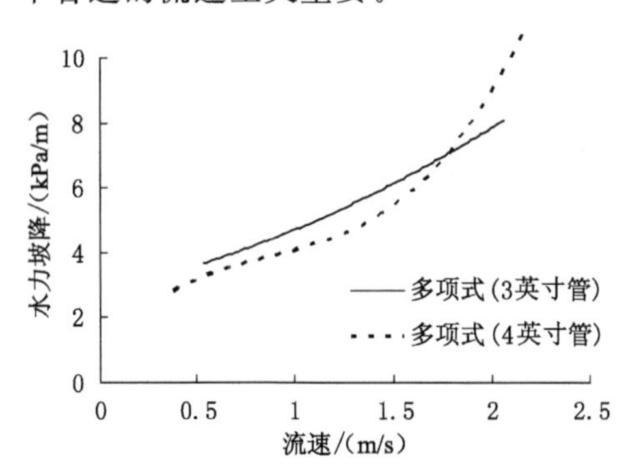

图 3-5 弱胶结粉煤灰膏体水力坡度与流速的关系

② 管径对压力损失的影响

如图 3-6 所示，在流速和浓度一定的条件下，管道水力坡度与管径成反比，即管径越大，水力坡度越小，因为管径越小，浆体流动时与边壁相互作用而产生的漩涡程度及紊动的强度都会增加，由此而产生的能量损耗也会相应增加，从而水力坡度增大。

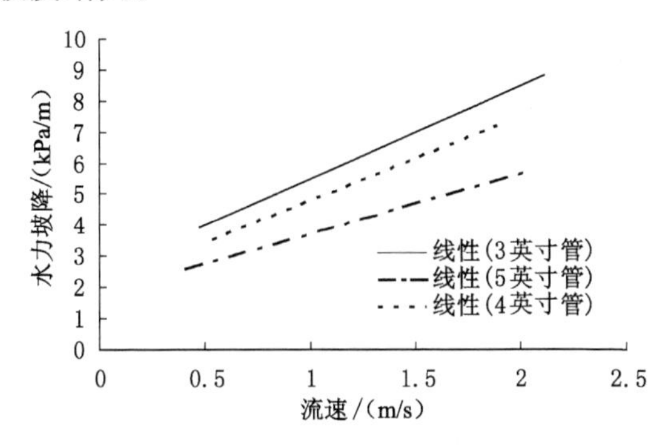

图3-6　不同管径下弱胶结粉煤灰膏体水力坡度与流速的关系

③ 管壁粗糙度对压力损失的影响

对流动水力坡度的影响只有在流动处于水力粗糙状态时才会显现出来，管壁粗糙度与摩擦阻力的损失成正比，即管壁越粗糙，摩擦水力坡度越大，反之亦然。这一点与清水管流一致，但与一般流体管道不同的是：两相流管道的绝对粗糙度 ε 除了与管材有关外，很大程度上还取决于输送的固体物料。固体物料如有水泥、粉煤灰，虽然增加了黏度，但大大改善了管壁边界层的摩擦阻力，因为超细物料在管壁形成了一层润滑膜，有助于减小管道阻力。另外，由于管壁粗糙度对水力坡度的影响很小，在雷诺数不是很高的情况下，甚至可以近似认为水力坡度与 ε 无关，而按水力光滑管计算，在文献[66]中会见到这种情况。

(2) 粉煤灰特性和弱胶结料的影响

① 颗粒粒径和密度的影响

这种影响主要体现在粉煤灰颗粒在液体中浮重的大小，也即表现在使颗粒悬浮所做之功而影响到管阻。根据两相流输送机理的分析可知，固体颗粒的粒径和密度越小，维持其悬浮所需的能量也就越小，因而管道的水力坡度也就越小。这就是说，固体颗粒越细越轻，越易于水力输送。

② 颗粒级配的影响

一种物料颗粒用作充填材料时，总要有某种最佳级配，此时充填料的空隙率最小，因而承载能力最强。可采用塔博方程式来确定最佳级配。符合塔博方程式：$d_{60}/d_{10}=4\sim5$（d_x 为 $x\%$ 颗粒通过的筛孔直径），就是最佳颗粒级配。

③ 加弱胶结料对压力损失的影响

在粉煤灰膏体中添加弱胶结料，不仅是为了满足充填体强度要求，也对粉煤灰膏体的输送的可泵性条件起到良好作用。弱胶结料浆可以润滑管壁，保证料浆流动的稳定，并降低摩擦阻力。

(3) 粉煤灰膏体特性的影响

① 浆体浓度的影响

在流速 0.5～2 m/s 范围内，浆体浓度的增加意味着单位体积内固体含量的增加，这一方面会使颗粒间相互作用的程度加剧，另一方面也会使得水流紊动能量中用于支持颗粒悬浮的能耗增大，从而导致管道水力坡度增加，如图 3-7 所示。

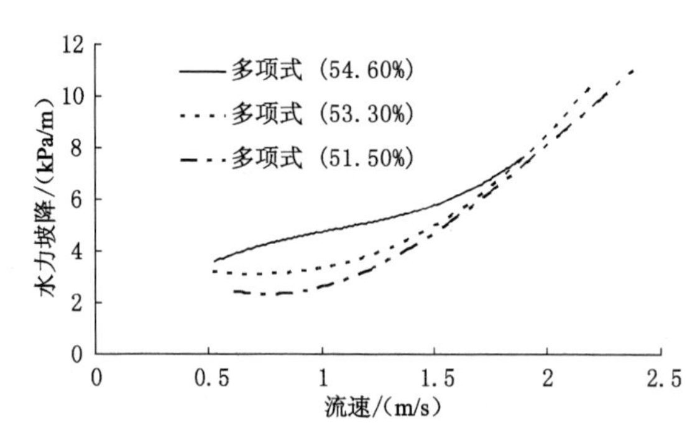

图 3-7　不同浓度下在 4 英寸管径中弱胶结粉煤灰膏体料浆流速与水力坡度的关系图

② 浆体黏度的影响

浆体黏性的变化在很多情况下对浆体的流变特性产生重要影响。粉煤灰的浆体在浓度较低时呈现牛顿特性，而在高浓度时则是典型的宾汉塑性流体。以前的研究者往往忽略了这个问题，试图将两种流型统一到一种模型之中，用一个公式来描述管道阻力特性，这种做法势必会造成较大的误差。因此前面对浓浆特性做了进一步的研究。

③ 外加剂的影响

在料浆中加入外加剂——减阻剂，可降低料浆在管道输送中的水力坡度，从而减小料浆对管壁的摩擦阻力。减阻是与料浆输送管壁层流附面层的稳定密切相关的现象，正是由于不仅存在层流薄浆层，而且还存在中心稳定的周期扰动，才使减阻成为可能。通过外加剂的加入，可降低附壁区的流速梯度或增大层流附面层的厚度达到减阻的目的。常用的减阻剂有腐植酸类、木质素类、萘系和焦油系列。

3.3.2　多因素非线性分析

管道水力坡度直接关系到动力设备的选型和运行的能耗，是粉煤灰膏体井下处理系统设计中最重要的水力参数之一。而输浆管道阻力的影响因素复杂，它与管道特性、粉煤灰特性、浆体特性等诸多因素都存在密切的关系。以前的研究者多是采用孤立因素的方法研究某个参数对水力坡度的独立效果。但是单因素法无法比较各因素间影响程度的大小关系，而这往往是工程设计中比较关心的问题。例如，在浓浆输灰管道的工程设计中，当运行工况一定而要求输灰设备的投资和运行费用之和最低时，就需要通过多因素分析，确定各因素对浓浆管道输送阻力影响的大小关系，从而得到最佳的管道设计方案。鉴于此，本节在已取得的试验成果基础上，采用遗传神经网络方法，分析了影响粉煤灰膏体料浆管道输送阻力的各主要因素，及其对各主要因素的优化和对泵送工艺性能的稳定性控制，从而为工程设计降低管阻提供了参考。

(1) 影响管道输送水力坡度的多因素分析

根据前面各项测试的结果，对于各因素列，计算其相应水平的水力坡度之和 K_1、K_2、K_3 和平均水力坡度 $\overline{K_1}$、$\overline{K_2}$、$\overline{K_3}$ 及其极差 R，各列极差 R 的大小用来衡量试验中相应因素作用的大小。极差大的因素，说明它的三个水平对水力坡度所造成的差别大，通常是重要因素；而极差小的因素，则往往是次要因素。计算结果见表 3-9。

表 3-9　　极差计算结果

试验方案 ABC	流速/(m/s) A	管径/mm B	浓度/% C	水力坡度 /(kPa/m)
$A_1B_1C_1$	1(1 m/s)	1(75 mm)	1(51%)	3.6
$A_1B_2C_2$	1	2	2	3.7

续表 3-9

试验方案 ABC	流速/(m/s) A	管径/mm B	浓度/% C	水力坡度 /(kPa/m)
$A_1B_3C_3$	1	3	3	3.5
$A_2B_1C_2$	2	1	2	5
$A_2B_2C_3$	2	2	3	6.5
$A_2B_3C_1$	2	3	1	3.7
$A_3B_1C_3$	3	1	3	8.3
$A_3B_2C_1$	3	2	1	7.5
$A_3B_3C_2$	3	3	2	5.6
K_1	10.8	16.9	14.8	
K_2	15.2	17.7	14.3	
K_3	21.4	12.8	18.3	
$\overline{K_1}$	3.6	5.6	4.9	
$\overline{K_2}$	5.1	5.9	4.8	
$\overline{K_3}$	7.1	4.3	6.1	
R	3.5	1.6	1.3	

从表 3-9 可以看出，直接看测试结果，试验方案 $A_1B_3C_3$ 的水力坡度最小，即流速为 1 m/s，管径 125 mm，浓度为 55%。从计算的极差 R 的大小可以得出本试验因素的主次顺序为：A＞B＞C，即流速是影响水力坡度的主要因素，管径和浓度极差也较大，是较重要的因素。空列的极差 R，可作为试验误差的估计值，本试验的空列极差较小，说明试验的精度较高。根据极差 R 分析得出可能好的组合条件是 $A_1B_3C_2$。

直接观察得出的好条件是 $A_1B_3C_3$，而计算得出的好条件是 $A_1B_3C_2$，但它不包括在 9 次试验之内。为了论证由分析得出的结论，一般应选定可能好的组合 $A_1B_3C_2$ 和 $A_1B_3C_3$ 做平行试验，一方面互相比较，另一方面考察它们的重要性和可靠性。但是对于本试验，前面已经分析过，因素 C 较主要因素流速 A 次之，为了提高粉煤灰膏体料浆的泵送性能，节约成本，宜选用 C_2，也就是流速为 1 m/s，管径为 125 mm，浓度为 53%。

(2) 粉煤灰膏体料浆输送的水力坡度计算模型

影响管道输送的阻力特性的因素较多，也较复杂，它与管道特性、粉煤灰特性、浆体特性等诸多因素都存在密切的关系，这是一个非线性的映射关系问题。就现状来看，许多学者试图建立它们之间的数学模型关系，但难度很大，仅能得到最多两个因素且使用范围有限的经验公式，要全面反映多因素影响规律几乎没有可能。因此，水力坡度多因素的影响规律研究必须选择新的理论与方法。针对这一实际情况，本书采用遗传神经网络方法并根据试验数据建立了相应的水力坡度计算模型。通过较广泛的试验验证，证明了该模型的可行性，从而为开辟新的研究途径提供了线索。

① 神经网络与遗传算法[67-68]

a. BP 神经网络

BP 模型(即误差反向传播神经网络)是神经网络模型中使用最广泛的一类。从结构上讲，BP 网络是典型的多层网络，分为输入层、隐含层和输出层，层与层之间采用全连接方式。图 3-8 给出了一个三层 BP 神经网络结构。实践证明，这种基于误差反传算法的 BP 网络具有很强的映射能力。

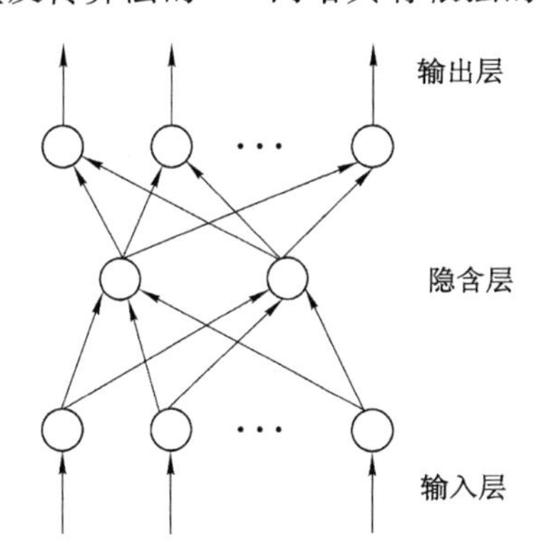

图 3-8　一个三层 BP 神经网络结构

BP 算法的训练过程由正向传递过程和误差的逆向修改过程组成。一方面，输入的信息流从输入层经隐含层到输出层逐层处理，并计算出各神经元节点的实际输出值。另一方面，计算网络的实际输出与训练样本期望的误差，若该误差未达到允许值，根据此误差确定权重的调整量，从后往前逐层修改各层神经元节点的连接权重。两个过程完成了一次学习迭代。这种信息的正向传递与根据误差的逆向修改网络权重的过程，是在不断迭代中重复进行的，直到网络的输出误差逐渐减小到允许的精度，或达到预定的学习次数。得到合适的网络连接值后，便可对新样本进行非线性映像。

b. 遗传算法

遗传算法是模拟生物界的遗传和进化过程而建立起来的一种搜索算法，以概率选择为主要手段，不涉及复杂的数学知识，亦不关心问题本身的内在规律，可以处理任意复杂的目标函数和约束条件。另外，由于遗传算法不采用路径搜索而采用概率搜索，所以是概率意义上的全局搜索，在解决的问题无论是否为凸性的，理论上都能获得最优解，避免落入局部最小点。

c. BP 神经网络与遗传算法的结合

目前，遗传算法与神经网络的结合方式有以下几种：进化神经网络的权重；进化神经网络的拓扑结构；同时进化神经网络的权重与拓扑结构，分析神经网络的训练数据与训练结果。

其中，进行神经网络的分析这类研究现在还无法确定其广泛的有效性。实践证明，不管进化网络的权重与否，单就进化网络结构来讲，这是一件困难的事情，目前无论在理论上还是方法上，都还没有找到有效的指导原则。所以，目前遗传算法与神经网络相结合的研究，大都集中在网络权重的训练上。

由于 BP 算法本身的原因，收敛于局部最小点是 BP 网络模型不可克服的弱点。遗传算法是基于生物进化机理的数学算法系统，许多实践已经证明遗传算法是进行全局搜索的有效工具。基于遗传算法的神经网络的权值优化具体步骤如下：

(a) 确定神经网络的权值编码方案及参数设定

将所要构建的神经网络的所有权值作为一组染色体。依据权值的数目，对权值用相应维数的实数变量表示。在传统的 GA 中采用二进制编码，在求解连续参数优化问题时，需要将连续的空间离散化，这个离散化过程存在一定的映射误差，不能直接反映出所求问题本身的结构特征，所以可以直接采用实数编码。实数编码是连续参数优化问题直接的自然描述，不存在编码和解码的过程，可以提高运算的精度和计算速度，避免了编码中带来的负面影响。

网络的隐节点和输出层的激活函数取 Sigmoid 函数：$f(x)=\dfrac{1}{1+e^{-x}}$，由于染色体表示权值，则适应度函数便是神经网络的误差计算，且误差越大，适应度越小。函数表达式为：

$$\mathrm{Eval}(x)=\gamma\frac{1}{\sum_{i=1}^{n}e_i} \tag{3-10}$$

式中　γ——放大因子；

e_i——第 i 个样本的计算误差。

设定输入种群规模(pop_size)、交叉概率(P_c)、变异概率(P_m)、网络层数、每层的神经元数。

(b) 初始化

随机产生初始种群 $P=\{x_1,x_2,\cdots,x_i,\cdots,x_n\}$，任一 $x_i\in P$ 为一神经网络，它由一个权值向量组成。权值向量为 n 维实数向量，n 为所有连接权的个数。

(c) 根据一定的性能评价准则计算网络适应度值

根据随机产生的权值向量对应的神经网络，对给定的输入集和输出集计算出每个神经网络的全局误差，并根据适应度函数计算出对应的适应度值。误差越小的样本，适应度值越大，意味着染色体越好。

(d) 算子操作

根据适应度大小，决定各个个体繁衍后代的概率，完成选种。按照一定的概率，对选种后群体施以遗传算子(选择算子、交叉算子、变异算子、保留算子)，得到新一代群体。

(e) 自适应控制

随着进化的进行，适应度的差距越变越小，交叉算子的作用减小，变异算子的作用增大，因此要相应减小交叉概率，增大变异概率。可用如下两公式对两个概率进行修正：

$$P_c^{\text{new}}=P_c^{\text{old}}-e^{\left(-1+\frac{t}{1.5G}\right)},\quad P_m^{\text{new}}=P_m^{\text{old}}+e^{\left(-1+\frac{t}{1.5G}\right)} \tag{3-11}$$

式中　G——总进化代数；

t——当前进化代数。

(f) 神经网络的二次训练

当遗传算法的进化计算进化到一定程度，或者网络误差满足一定的要求后，停止迭代，将得到的最优染色体（即神经网络的一组权值）传递给神经网络，让神经网络进行二次训练，直到得到较好的结果为止。

② 基于遗传神经网络的建模思想

管道水力坡度受管道特性、粉煤灰特性、浆体特性等诸多因素影响。根据现场经验以及实验室试验情况，考虑成本的条件下，在这里主要研究流速、管径、浆体浓度等三个因素与输送粉煤灰膏体料浆的水力坡度之间的关系。由于这是一个多输入、单输出、时变、非线性的模糊系统，因此很难用数学的方法如微分方程、偏微分方程或状态方程来建立模型。BP 神经网络具有强大的非线性映射能力和泛化功能，Kolmogorov 定理已经说明，若隐节点可以根据需要自由设置，则用一个三层前馈网络就可以一任意精度逼近任意复杂的连续函数。因此建立三层粉煤灰膏体料浆输送的水力坡度计算的 BP 模型。第一层为输入层，三个神经元，分别为流速、管径、浆体浓度，第二层为隐含层，第三层为输出层，一个神经元，为输送水力坡度。

由于 BP 算法存在容易陷入局部最小点和收敛速度慢的缺点，所以为了建立粉煤灰膏体料浆输送的水力坡度计算模型，应基于遗传算法人工神经网络的建模思想：先将试验数据模糊化，再作为前馈神经网络的输入和输出，同时利用高搜索和全局搜索能力的遗传算法配合 BP 算法训练网络，得到原始数据与有关指标之间的非线性映射模型。

③ 算法实现步骤

建立粉煤灰膏体料浆输送的水力坡度计算模型的算法实现过程如下：

a. 确定目标函数，采用最小二乘目标函数，即：

$$f(X) = \sum_{i=1}^{n} (U_i^{c} - U_i^{m})^2 \tag{3-12}$$

式中 n——试验组数；

U_i^{c}——第 i 组试验的实际输出；

U_i^{m}——第 i 组试验的期望输出。

b. 通过正交设计方法设计试验方案，测得相应的输送水力坡度，得到神经网络所需的样本集，并对样本进行归一化。

c. 进行神经网络学习，同时采用遗传算法优化神经网络的权系数，建立影响管道输送水力坡度的影响因素与水力坡度的非线性映射，获得粉煤灰膏体料浆输送的水力坡度计算模型。

(3) 实例分析

为了将遗传神经网络应用于粉煤灰膏体料浆输送的水力坡度计算,需要提供给网络学习用的一定的样本数据,为此将前面正交试验结果构造神经网络的学习样本,并增加两组试验作为检验样本,共测了 11 个样本数据,其中 1～9 号试验是训练样本,10、11 号试验为检验样本。

由于神经网络的训练样本中各数据的物理量各不相同,数值差别也很大,为了减轻神经网络模型训练的难度,应使那些比较大的量输入仍落在神经元转换梯度大的地方。在训练之前,需对样本进行归一化处理:

$$x_i = \frac{X_i}{X_{i\max}}, \quad y_i = \frac{Y_i}{Y_{i\max}} \tag{3-13}$$

式中　X_i, Y_i——原始样本中输入项和输出项;

x_i, y_i——归一化后的输入项和输出项;

$X_{i\min}, Y_{i\min}$——相应列的最小值;

$X_{i\max}, Y_{i\max}$——相应列的最大值。

在 MATLAB 环境下编程[69-70],模型的预测计算结果见表 3-10,预测的效果如图 3-9 所示。

表 3-10　　样本数据及预测结果

样本号	流速 X_1 /(m/s)	管径 X_2 /mm	浓度 X_3 /%	水力坡度 Y_1/(kPa/m)			相对误差 /%
				实测值	预测值	绝对误差	
1	1(1)	1(75)	1(51)	3.6	3.582	−0.018 1	0.5
2	1(1)	2(100)	2(53)	3.7	3.556	−0.143 6	3.9
3	1(1)	3(125)	3(55)	3.5	3.613	0.112 8	−3.2
4	2(1.5)	1(75)	2(53)	5	5.105	0.105 4	−2.1
5	2(1.5)	2(100)	3(55)	6.5	6.480	−0.020 3	0.3
6	2(1.5)	3(125)	1(51)	3.7	3.724	0.023 7	−0.6
7	3(2)	1(75)	3(55)	8.3	8.258	−0.041 6	0.5
8	3(2)	2(100)	1(51)	7.5	7.476	−0.023 8	0.3
9	3(2)	3(125)	2(53)	5.6	5.612	0.012 1	−0.2
10	1.5	100	51	6.2	6.194	−0.006	−0.10
11	2	100	53	8.1	7.945	−0.155	−1.91

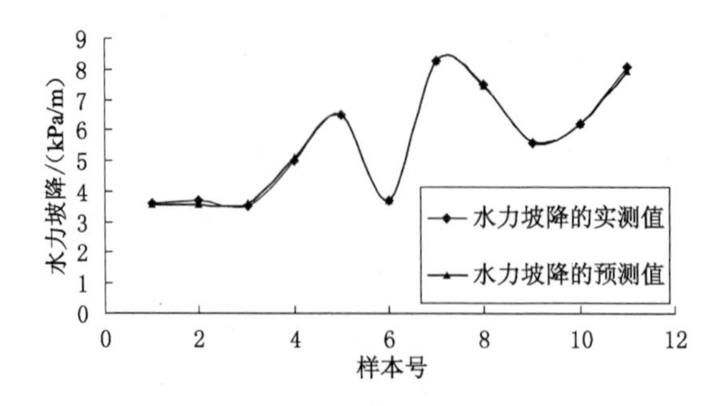

图 3-9 遗传神经网络模型预测水力坡度的效果对比图

从表 3-10 和图 3-9 可以看出，所预测值的相对误差：粉煤灰膏体料浆的水力坡度绝对误差最大为－0.143 6 kPa/m，最小为 0.012 1 kPa/m；相对误差最大为 3.9％，最小为－0.2％。网络模型模拟值与样本实测值之间的误差在允许误差范围内，证明该模型预测精度较高，满足实际生产中的要求。同时，该模型在实际的应用中还具有操作简便、适应性强以及可靠性高的优点。

3.4 本章小结

本章对粉煤灰膏体的流变特性进行了推导，对粉煤灰膏体的输送特性进行了分析。通过正交设计试验，对粉煤灰膏体输送的阻力特性进行了测试，并对相关影响因素做了详细的分析研究，建立了水力坡度的计算模型。本章研究所得结论如下：

(1) 结合数学和弹塑性力学对粉煤灰膏体料浆的流变特性进行了推导，推导结果：粉煤灰膏体料浆属宾汉流体，流变方程为 $\tau_{w}\approx\frac{4}{3}\tau_{B}+\eta\left(\frac{8v}{D}\right)$。

(2) 从粒径上分析，在紊流输送时，可以把粉煤灰膏体料浆简单地视为均质流体；从颗粒形状上分析，粉煤灰膏体料浆的管道输送能耗较小；从比重上分析，粉煤灰的比重小，在一定流速下，可以全部悬移；从流变特性上分析，在高浓度时，粉煤灰膏体料浆属非牛顿流体，浆体的黏度对管道水力坡度所起作用加强；从粉煤灰膏体浓度上分析，浓度存在一经济合理的浓度。

(3) 通过正交设计试验，就单因素影响分析，粉煤灰膏体料浆水力坡度与管道特性、粉煤灰特性、浆体特性等诸多因素都存在密切的关系。它们对料浆水力坡度的影响是:随着流速的增加近似呈线性增大,与管径成反比,与料浆浓度增加而呈多项式关系增大。

(4) 对于多因素非线性影响分析管道输送阻力特性的研究,是基于遗传神经网络思想将影响料浆水力坡度的主要因素——流速、管径和料浆浓度与料浆的水力坡度建立起的计算模型,从而通过输入不同的流速、管径和浓度,预测料浆的水力坡度。模拟证明,该模型绝对误差最大为-0.143 6 kPa/m,最小为0.012 1 kPa/m;相对误差最大为3.9%,最小为-0.2%,在试验允许误差范围内,满足实际应用要求。

(5) 需要指出的是,后期对粉煤灰的利用,实现建筑物下开采时,粉煤灰膏体料浆的环管试验有待进一步加强。

第4章　粉煤灰膏体充填采煤控制地表下沉效果的预测与分析

4.1　粉煤灰膏体充填采煤控制地表沉陷的理论分析

4.1.1　充填体支护的理论分析[71-74]

充填力学作为矿山工程力学的一个分支迅速发展。充填力学研究的对象是由地下采场及充填体所组成的地下开采体系的力学性质及特征。因此，充填力学的研究范围相当广泛，涉及充填材料的力学性质及散体介质的力学问题，充填材料水力运输的两相流流体力学或流变力学问题还涉及充填体与采场围岩间的相互作用，以及充填体控制采场地压、维护采场稳定等方面的岩土力学问题。总之，矿山充填力学与采矿工程、岩石力学、土力学、流体力学、弹塑性力学、计算力学等学科密切相关。

充填体不能改变先开挖、后充填的采场空间应力分布，但能改变充填完毕后新开挖空间的应力分布，这是充填体的力学作用特点之一。充填体的支护作用，主要在于对围岩的限制作用和与围岩的共同作用。即一方面充填体以对松脱岩块的滑移施加侧压、支撑破碎围岩、限制采空区围岩移动等多种方式来阻止和限制围岩发生变形与位移，达到对围岩的限制作用；另一方面，充填体与围岩按变形协调理论共同承担载荷，改善采场周围岩体的应力分布和状态，提高围岩自身的承载能力，共同维护采场和上覆岩层的稳定[75]。

(1) 采场围岩及充填体稳定性的控制因素

地下矿床采出后，在岩体中形成采空区，破坏了原来平衡的应力场，使应力进行了传递和调整，传递和调整的结果可能导致围岩应力场再次处于平衡状态；另一种可能导致围岩强度降低和围岩松动，致使围岩大范围破坏，整体结构失稳。具体所受的影响因素有：

① 煤矿工程地质条件（煤岩体物理力学性质、地质构造产状及发育程度）。

② 煤体的赋存环境。

③ 充填体强度。

④ 采矿工程因素。

（2）矿山充填体的作用机理

矿山充填体的作用机理包括：

① 充填体的支护作用（表面支护作用、局部支护作用、总体支护作用）。

② 充填体与系统的共同作用[76]（应力转移和吸收作用、应力隔离作用、系统的共同作用）。

③ 充填体的综合作用机理（充填体力学作用机理、充填体结构作用机理、充填体的让压作用）。

在一般条件下，充填体的支护和减沉效果取决于两个方面的因素：一是充填体与围岩的力学与变形特性之比；二是围岩与充填体所构成的组合结构的形式。

（3）膏体胶结充填体破坏的理论分析[77]

膏体胶结充填体的强度应当是水泥强度、骨料强度以及各组分之间相互作用的函数。骨料和水泥的应力-应变曲线在达到峰值应力之前基本上呈线性变化（在接近峰值应力时除外）。然而试验表明，充填体的应力-应变曲线在峰值应力的前后均是高度非线性的。这种非线性一方面是由于材料的复合作用，另一方面是由于水泥-骨料的黏结本性所致。因为充填体是由骨料和胶结材料胶结而成，内含大量空隙和裂纹，这些原生裂隙的存在，决定了充填体的力学性质，因此，如果依旧采用“均质连续”介质弹性力学的分析方法，就不能准确地反映充填体的力学性质。所以，需要用断裂和损伤力学的方法来分析充填体的破坏机理。

胶结充填体是由骨料和水泥或其他胶结材料构成的复合介质。在水泥胶结硬化的过程中，存在因干缩引起的界面黏结裂纹以及大量的空隙，这些均为充填介质内的原始损伤。当充填体受到外力作用时，这些原始损伤将产生应力集中现象，这种局部的应力集中会导致内部微缺陷的闭合和扩张。分析充填体加载试验的宏观力学行为，首先是随外加载荷产生变形，然后是微裂纹的产生、扩展，直至材料产生破坏。

图 4-1 为充填体的全应力-应变曲线图。由充填体的应力-应变曲线可以看出，胶结充填体具有独特的塑性变形和残余强度的支护特性。因为充填体固结后，内部留有较多的孔隙，在外载荷作用下，固体颗粒相互压缩，使孔隙闭合，压缩密实，继而进入弹性变形和塑性变形阶段。当外载荷继续增加时，充填体并没有立即发生崩解和脆性破坏，而是只在外部产生塑性破坏，出现较大的位移，内部仍保持胶结充填体的支护作用，主要是对围岩的限制作用和与围岩的共同作用。根据充填体的全应力-应变曲线，可以将充填体在外力作用下的变形过程分为以下四个阶段：

① 微裂纹闭合的初始阶段（线段 AB）。

② 弹性影响阶段（线段 BC）。

③ 裂纹扩展阶段（线段 CD）。

④ 裂纹贯通、破坏阶段（线段 DE）。

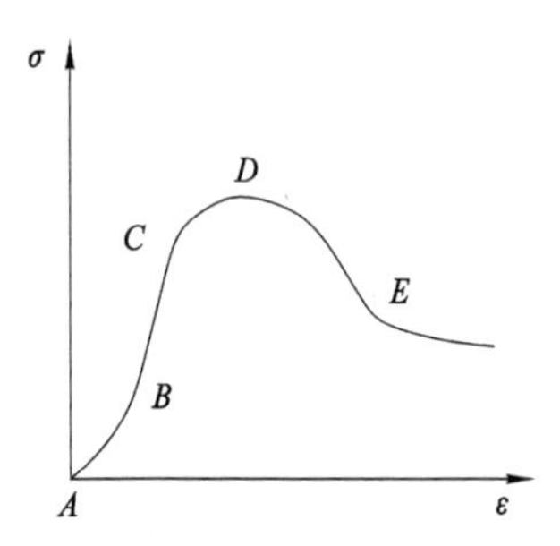

图 4-1　膏体充填体的全应力-应变曲线

充填体的变形主要由初期压密变形、胶结体弹性变形及裂纹扩展引起的非弹性变形组成。充填体的弹性变形积累和局部应力集中引起材料的进一步损伤，损伤方向是随机性的。而损伤必将导致材料的各向异性，损伤的主方向和应力主方向相同。损伤的演化最终会导致充填体的断裂破坏。

4.1.2　岩层控制的关键层理论[78-84]

(1) 关键层理论的提出

地表下沉是煤层开采后覆岩移动由下往上逐步发展到地表的结果,覆岩的岩性与组合对地表沉陷的动态过程及沉陷盆地的特征有显著影响。钱鸣高院士从采场矿山压力控制的角度出发,以研究基本顶岩层的破断运动为主体,于 20 世纪 80 年代初提出了“砌体梁”理论,并研究了坚硬岩层板模型的破断规律。在此基础上为了解决岩层控制中更为广泛的问题,钱院士又于 20 世纪 90 年代后期进一步提出了岩层控制的关键层理论。关键层理论的提出实现了矿山压力、岩层与地表移动、突水防治等方面研究的有机统一,为更全面深入地解释采动岩体活动规律与采动损害现象奠定了理论基础,为我国煤矿绿色开采技术的研究提供了重要的理论基础和新的理论平台。

(2) 关键层理论的内涵

岩层控制关键层理论的提出为岩层移动与开采沉陷的深入研究提供了新的理论平台。关键层理论的基本学术思想为:由于成岩时间及矿物成分不同,煤系地层形成了厚度不等、强度不同的多层岩层,总体上分为表土层与基岩两部分,表土层段多为松散的砂土质,与基岩段相比具有不同的变形移动特性。基岩段由厚度不等、强度不同的岩层相间组成。实践表明,其中一层至数层厚硬岩层在上覆岩层局部或直至地表的全部岩层移动中起主要的控制作用,这类岩层被称为关键层,其中对采场直至地表的全部上覆岩体起控制作用的岩层称为主关键层,仅局部起控制作用的岩层称为亚关键层。也就是说,关键层的断裂将导致全部或相当部分的上覆岩层产生整体运动。

关键层判别的主要依据是其变形和破断特征,即在关键层破断时,其上部全部岩层或局部岩层的下沉变形是相互协调一致的,前者为岩层活动的主关键层,后者为亚关键层。覆岩中的亚关键层可能不止一层,而主关键层只有一层。

根据关键层理论,就第四系表土层厚度较大的邢台煤矿而言,位于地表以下 200 m 的泥岩、砂岩层硬度、强度和厚度较大,分布较广,稳定性较好,可以初步断定为邢台煤矿充填开采条件下岩层移动的关键层。

(3) 关键层理论对煤矿开采沉陷的指导意义

由关键层理论观点来看，地表下沉是覆岩主关键层与表土层耦合的结果，研究覆岩主关键层对地表沉陷影响规律对开采沉陷的预测和控制具有重要的理论和实践意义。

关键层作为地表下沉的控制层，它可以控制其以上的所有岩土层而与下部垮落和弯曲的岩体产生离层。控制层不同的移动破坏形式导致地表下沉的不同模式。当采空区宽度较小时，控制层处于弹塑性变形状态，所形成的地表下沉盆地为弯曲型下沉盆地，此时地表下沉量小，盆地较缓；当采空区宽度较大时，控制层受拉伸或剪切破坏而产生断裂，但岩体在纵向保持传力状态，其上部的软弱岩层和松散层随控制层的垮落而很快垮落，层间离层迅速闭合，下沉系数突然增大。此时所形成的地表下沉盆地为断裂下沉盆地。理论和实践均表明：弯曲型下沉盆地比断裂型下沉盆地的下沉值要小得多。两类模式之间的分界线即为岩梁断裂临界跨度。当弯曲型下沉向断裂下沉过渡时，下沉值会发生突变，表现为非线性过程。

表土层厚度和主关键层破断距大小将决定主关键层对地表下沉动态影响的剧烈程度，主关键层对地表下沉动态影响的剧烈程度与表土层厚度及主关键层破断距大小的定量关系有待进一步研究。实测和模拟研究结果证明：覆岩主关键层的破断将导致地表下沉的明显增大，因此可将保证覆岩主关键层不破断失稳作为建筑物下采煤设计的原则，指导煤矿不迁村采煤实践。要保证建筑物下采煤既具有较好的经济效益，又确保地面建筑物不受到损害，关键在于根据具体条件下的覆岩结构与主关键层特征来研究确定合理的减沉开采技术工艺及参数形式，如条带开采、房式开采、覆岩离层注浆、采空区充填等技术，使之能够保证主关键层与煤柱的稳定性，减小地表最大下沉值，使变形量符合《建筑物、水体、铁路及主要井巷煤柱留设与压煤开采规程》要求。

由岩层控制理论中的关键层理论可知：当采场上覆岩层中存在着某些坚硬岩层并且回采距离小于其断裂距时，则该层将以板（或梁）结构的形式承受上覆岩层的部分重量，又因该岩层具有较强的抵抗采动影响、抵抗拉动变形的能力，因此会使地表下沉量显著减小。据此，在充填开采中，通过采用一定强度的充填体，使得覆岩中的关键层仍保持其悬空稳定状态，则能有效地控制地表下沉，保护地面设施，实现在建筑物下进行充填开采，并能够达到安全高效的目的。

4.2　粉煤灰膏体充填采煤控制地表沉陷效果预测

4.2.1　建筑物下采煤控制地表沉陷的基本要求

邢台煤矿准备进行固体废弃物膏体充填开采工业广场附近的 2# 煤层，该煤层厚度为 4.19～9.47 m。工业广场附近有职工的宿舍楼等建筑物，这些建筑物基本上都属于砖石结构或砖混结构，按照《建筑物、水体、铁路及主要井巷煤柱留设与压煤开采规程》的规定[85]，对于一般砖混结构建筑物开采过程中保证建筑只受Ⅰ级轻微损坏，要求地表倾斜变形小于 3 mm/m，曲率小于 0.2×10^{-3}/m，水平变形小于 2 mm/m，在此范围内基本不用维修，用国内常用的概率积分法[86]可以导出相应的地表下沉系数 $q_{许}$ 一般要控制在 0.05 以内。上述指标是判断粉煤灰膏体充填控制地表沉陷效果的标准参数，也是判断提出建筑物下粉煤灰膏体充填方法在技术上是否可行的基本依据，对是否实行粉煤灰膏体充填技术具有指导意义。

4.2.2　粉煤灰膏体充填采煤控制地表沉陷的数值模拟方法

为了提高对粉煤灰膏体充填实施的可靠性把握，利用中国矿业大学引进的 FLAC 数值计算软件进行初步的模拟计算。

(1) 数值模拟方法概述及 FLAC 程序简介[87-88]

① 数值模拟方法概述

数值模拟技术就是以计算机软件进行数值分析的一种方法。它借助计算机、数学、力学等学科的知识，为工程分析、设计和科学研究服务。

近几十年来，数值模拟技术在岩土力学中有了很大的发展和广泛的应用，如有限元、边界元、离散元等数值分析方法，都在解决实际问题中发挥了较大的作用。然而，这些数值分析方法有着各自的局限性。例如，有限元和边界元都有介质连续和小变形的限制，且有限元要解大型矩阵，需大量内存。国内现用的离散元程序，一般都假定离散的块体为刚性，这仅适合于处理低应力水平的问题，另外这种离散元方法求解时间较长。近些年发展起来的显式有限差分分析，既能处理大变形问题，也能考虑结构面的不连续性，而且求解速度快，这种差分分析被称为快速拉格朗日分析，美国明尼苏达 ITASCA 软件公司正是基于这种分析方法开发了 FLAC 程序。

② FLAC 程序简介

a. 基本原理

FLAC 程序采用的是拉格朗日法。拉格朗日法是流体力学中研究流体运输的两种基本方法之一。它通过单个流体质点运动参数随时间的变化规律，以及相邻质点间这些参数的变化规律，来研究整个流场中流体的运动。将拉格朗日法移植到固体力学中，将所研究的区域划分成网络，网格节点相当于流体的质点，然后按时步用拉格朗日法来研究网格节点的运动，这种方法就称为拉格朗日元法。该方法最适合于求解非线性大变形问题。

FLAC 程序基于显式差分法来求解运动方程和动力方程。二维的 FLAC 程序对计算区域内的介质划分为若干个二维单元，单元之间以节点相互连接。对某一个节点施加荷载之后，该节点的运动方程可以写成时间步长的有限差分形式。在某一个微小的时段内，作用于该节点的荷载只对周围的若干节点(如相邻的节点)有影响。根据单元节点的速度变化和时段，程序可以求出单元之间的相对位移，进而可以求出单元应变；根据单元材料的本构方程可以求出单元应力。随着时段的增长，这一过程将扩展到整个计算范围，直到边界。FLAC 程序将计算单元之间的不平衡力，然后将此不平衡力重新加到各节点上，再进行下一步的迭代运算，直到不平衡力足够小或者各节点位移趋于平衡为止。

b. FLAC 程序的主要特点

FLAC 程序有如下特点：采用混合离散化方法模拟塑性破裂与塑性流动，比采用归约积分法更合理；采用全动态运动方程使 FLAC 在处理不稳定问题时不会遇到数值困难；采用显式解法在求解非线性应力-应变关系时，不需要存储任何矩阵及对任何刚度矩阵进行修改，与普通隐式解法相比，大大节约了机时；FLAC 按行与列(而不是按顺序)的形式进行单元编号，这对于某些指定单元的研究很方便；FLAC 运动总方程(含惯量项)的显式时间逼近解法允许进行岩体的渐进破坏与垮落。

c. FLAC 程序的应用范围

FLAC程序可实现如下功能或模拟如下模型：零空模型——代表网格中的孔洞（开挖）；应变硬化软化模型——代表非线性，不可逆剪切破裂与压塑；黏弹性蠕变模型；界面模型（界面为平面，沿界面允许滑动或分开）——模拟断层、节理和摩擦边界；水力模型——模拟可变形孔隙体与黏性流动的全耦合及源与沉（井）等；结构单元模型——模拟岩土体加固、衬砌、锚杆、土钉、混凝土喷层、可缩支柱及钢拱等；轴对称几何模型——模拟围堰、船闸及层状材料侧向载荷的影响；动态分析模型——其代码能用于各种工程动态问题，诸如地震分析、坝的稳定、土结构间的作用与液化、爆破载荷的影响等；热力模型——模拟材料中的瞬态热流、热应力的发生以及进行热与力的耦合计算等；绘图功能——通过其重复占位程序，用户能绘制各种图形与表格，其中计算时步函数关系曲线的绘制特别有助于弄清何时达到平衡与破裂状态，并在瞬态计算（如地下水流计算）或动态计算（如地震运动计算）中进行变量化监控。

FLAC也可模拟地应力场生成、边坡或地下洞室开挖、混凝土衬砌、锚杆或锚索设置、开采引起的地表沉陷等。程序含有交界面模型，可利用滑动面来模拟断层和节理。可根据实际情况采用某一种材料模型或同种模型的不同参数值来模拟复杂的地质情况。

(2) 邢台煤矿地质条件

邢台井田位于太行山复背斜的东麓坡脚，煤系地层不整合地覆盖着第三和第四系冲、洪积层，厚度变化在80～290 m之间。邢台矿2#煤层位于山西组底部，穿过该层位钻孔88个，全部见煤，该煤层层位稳定，为邢台井田的主要标志层和主采煤层之一。煤层倾角4°～18°，厚度4.19～9.47 m，平均6.20 m，在断层附近煤厚有变薄现象。煤层可采性指数K_m=1.00，煤厚变异系数为13.47%，为稳定可采厚煤层。该煤层结构较为复杂，含1～2层夹矸，分别位于中部与下部。中部夹矸分布普遍，层位稳定，但厚度变化较大，井田东部和北部煤层中部夹矸厚度为0.2～0.4 m，一般为0.25 m；西翼煤层中部夹矸0.3～1.04 m，一般为0.50 m。在一些钻孔和采面中，煤层下部可见一层夹矸，厚0.2 m左右，距煤层底板0.4～0.9 m。

2#煤层直接顶一般为灰黑色粉砂岩，局部地区河流冲刷，此时直接顶板为中粗粒石英砂岩，底板一般为粉砂岩、细砂岩和黏土岩，上述几层岩石互层者多，细砂岩硬度大。

该煤层需充填的采区属于村庄下压煤，为了提高煤炭资源的回收率，实现村庄不搬迁采煤，拟对该采区实行采空区全部充填法开采，充填材料采用粉煤灰膏体充填材料，随工作面的推进，在采空区实行后退式全部充填。

（3）数值模型的建立

为了把握邢台矿膏体充填开采对地表沉陷的影响，利用中国矿业大学引进的 FLAC 数值计算软件进行模拟计算。

模拟计算采用莫尔-库仑平面应变模型，计算模型长度为 1 250 m，左侧开采边界离模型边界 350 m，右侧开采边界离模型右边界 350 m，模拟开采深度 290 m，煤层厚度 6 m，顶板基岩厚度 60 m，表土层厚度 230 m，模型上边界直达地面，侧面限制水平移动，底面限制垂直移动，采空区的长度大于采深的 1.5 倍，以达到充分采动。

（4）数值边界的确定

计算模型边界条件确定如下：

① 模型的左、右边界施加水平约束，边界水平初始位移为零。

② 模型底部边界水平，垂直初始位移为零。

③ 模型顶部为地表。

模型底端施加等效载荷，即下覆岩层的反作用力，其值为上覆岩层的自重应力，则载荷 σ_y 为：

$$\sigma_y = \gamma H \tag{4-1}$$

式中 γ——上覆岩层的平均体积力，取 23 kN/m³；

H——模型底边界距地表的深度，m。

左、右各侧面在水平方向上施加由自重应力产生的侧向应力，具体由下式确定：

$$\sigma_x = \lambda \sigma_y \tag{4-2}$$

式中 λ——侧压系数。

（5）岩体物理力学参数的选取

模型中各煤层的物理力学参数基本以实验室的试验结果给定，对没有取得实验室数据的岩层，则按统计数据的平均值来考虑。数值计算时各岩层的物理力学参数见表 4-1。

(6) 数值计算方法

计算中考虑了两种开采方法，一种是分层垮落长壁开采，另一种为分层膏体材料全部充填开采，两种方法均分三层开采，每层采高 2 m。首先，通过第一种开采方法的模拟计算，调整岩土力学参数，使其开采沉陷系数 q 达到 0.9 以上，然后系统模拟分层垮落长壁开采全过程和分层膏体材料全部充填开采的全过程。表 4-1 列出了试算选择的岩土力学参数。

表 4-1　　邢台煤矿煤岩力学性质参数

岩层	密度 /(kg/m³)	体积模量 /MPa	剪切模量 /MPa	内摩擦角 /(°)	黏聚力 /MPa	抗拉强度 /MPa
中粒砂岩	2 300	1 912	851	37.5	0.444	0.23
2# 煤层	1 300	1 432	477	36	0.127	0.06
粗粒砂岩	2 290	1 431	738	37	0.088	0.11
砂质页岩	2 280	995	375	36	0.041	0.05
粗粒砂岩	2 295	1 902	803	37	0.082	0.10
细粒砂岩	2 297	1 491	783	38	0.088	0.11
表土 1	1 900	6.51	14.1	27	0.053	0.000 1
表土 2	1 800	4.45	9.65	13	0.055	0.000 1
膏体材料	2 000	200～700	50～150	32	0.1～0.3	0.05～0.15

利用表 4-1 选择岩土力学参数，计算得到全部垮落法三个分层采完以后，地表的最大下沉量为 5.603 m，下沉系数 $q_{计}=0.94$，比较接近目标值，说明有关参数基本能够反映邢台煤矿工业广场附近 2# 煤层的实际情况，有关开采沉陷的计算结果对分析邢台煤矿 2# 煤层的膏体充填效果是具有指导意义的。

4.2.3　粉煤灰膏体充填采煤控制地表沉陷效果分析

通过数值模拟计算，分别得到的关于邢台煤矿 2# 煤层无充填开采时上覆岩层的下沉量如图 4-2 所示；分层膏体充填材料全部充填开采与分层全部垮落法开采地表下沉量的对比结果如图 4-3 所示，以及充填开采地表的变形如图 4-4～图 4-7 所示；为了便于比较充填与非充填开采的最大变形，表 4-2 汇总了两种开采方法各分层开采引起的最大变形值。

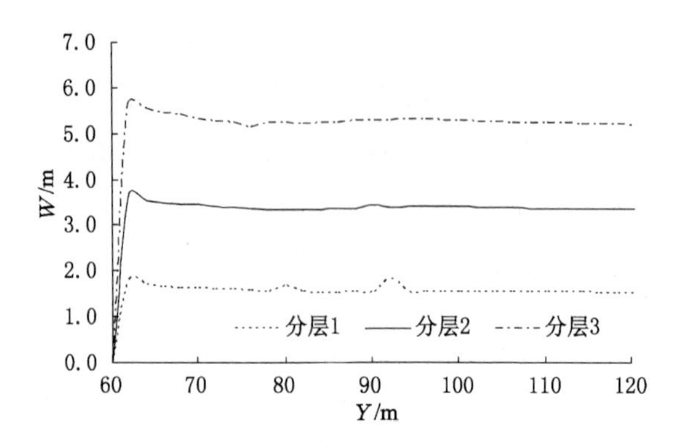

图 4-2　无充填开采上覆岩层的下沉量

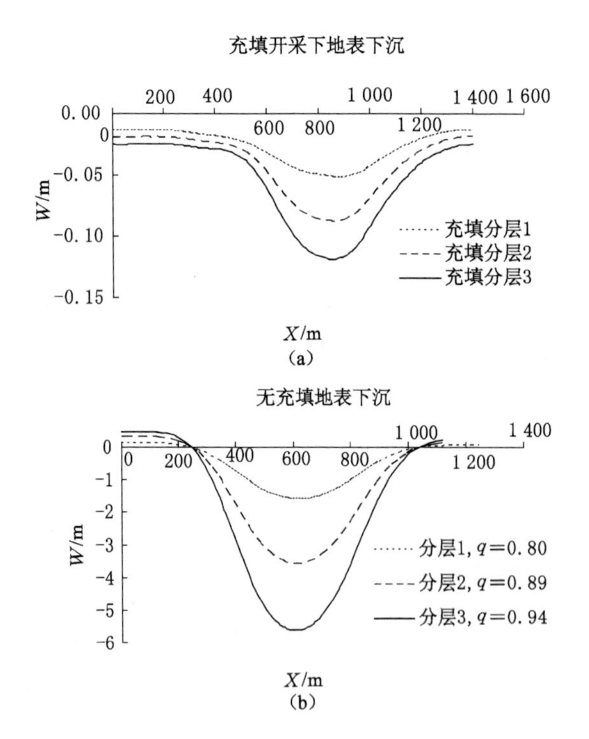

图 4-3　分层膏体材料全部充填开采与全部垮落法开采地表下沉量比较

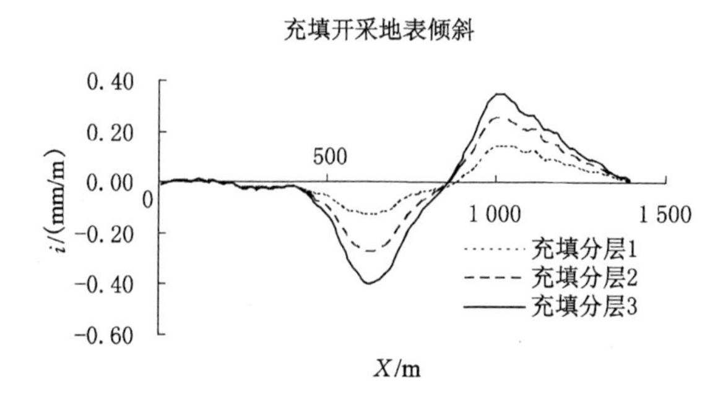

图 4-4　分层膏体材料全部充填开采地表倾斜变形

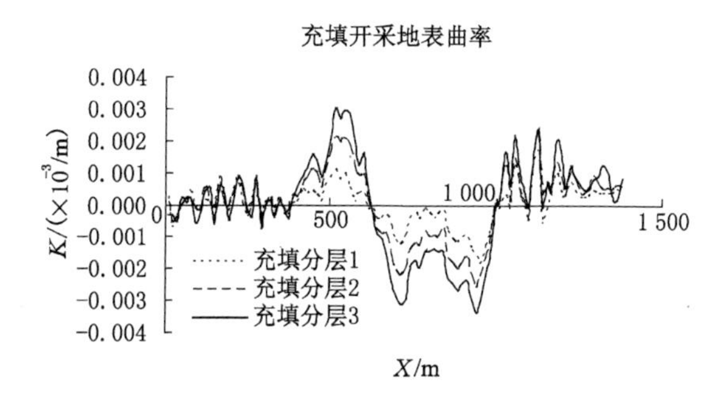

图 4-5　分层膏体材料全部充填开采地表曲率变形

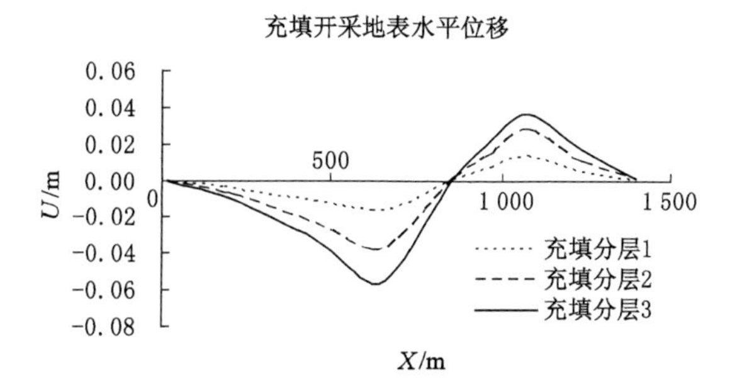

图 4-6　分层膏体材料全部充填开采地表水平移动量

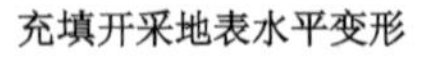

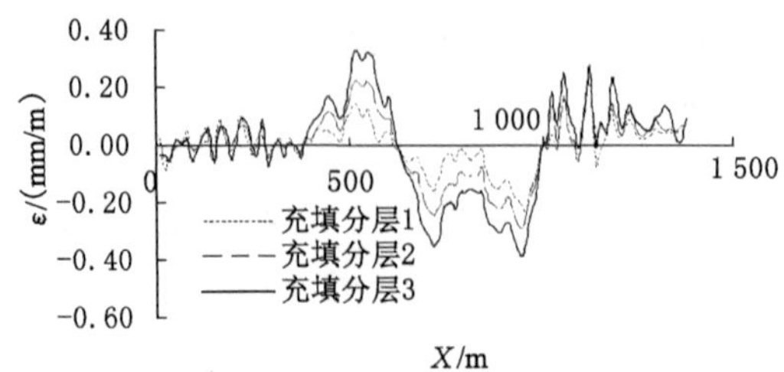

图 4-7 分层膏体材料全部充填开采地表水平变形

由图 4-2 可得出，全部垮落法开采时，影响地表下沉的是采场上覆 30 m 以内岩层的下沉量，在数值模拟的过程中着重调节该范围内的岩性参数以满足现场实际条件，能达到事半功倍的效果。这与“上三带”理论和关键层理论相一致[89]。

表 4-2　　粉煤灰膏体充填控制地表沉陷效果

项目		建筑物Ⅰ级轻微破坏允许值	分层膏体全部充填开采	分层全部垮落开采
开采一个分层	最大下沉量/mm		52	1 596
	最大倾斜变形/(mm/m)	3.0	0.14	6.3
	最大曲率变形/($\times10^{-3}$/m)	0.2	0.001	0.04
	最大水平移动量/mm		17	1 090
	最大水平变形/(mm/m)	2.0	0.11	5.68
开采两个分层	最大下沉量/mm		90	3 565
	最大倾斜变形/(mm/m)	3.0	0.27	14.8
	最大曲率变形/($\times10^{-3}$/m)	0.2	0.002	0.10
	最大水平移动量/mm		38	2 470
	最大水平变形/(mm/m)	2.0	0.21	12.2
开采三个分层	最大下沉量/mm		125	5 603
	最大倾斜变形/(mm/m)	3.0	0.39	13.2
	最大曲率变形/($\times10^{-3}$/m)	0.2	0.003	0.16
	最大水平移动量/mm		56	3 880
	最大水平变形/(mm/m)	2.0	0.30	19.4

对比上述图表，初步可以得到以下结论：

(1) 对于邢台煤矿工业广场附近的2#煤层，采用分层膏体材料全部充填开采，在及时理想充填下，通过三个分层采完全部煤层以后，累计的最大下沉量为125 mm，最大倾斜变形量为0.39 mm/m，最大曲率变形量为0.003×10^{-3}/m，最大水平移动量为56 mm，最大水平变形量为0.3 mm/m，倾斜变形量、水平变形量、曲率变形量均小于Ⅰ级破坏变形允许值的范围内。在这种情况下，对于砖混结构建筑物基本上不会产生裂缝，对地表变形控制要求更高的土筑平房也仅在基础出现1～2 mm的细微裂缝，而且也仅出现在地表移动盆地边缘局部地区，不需要维修，表明提出的建筑物下粉煤灰膏体充填在技术上是可行的。

(2) 采用分层开采，整个煤层开采引起的地表最大变形分三次发生。很明显，每一分层开采以后发生的地表变形基本相等，说明在不影响地表建筑物、保证不迁村的前提下，分层开采膏体充填控制地表沉陷具有较大的调整空间。

(3) 根据分层全部垮落法开采地表沉陷的计算结果，即下沉系数$q=0.94$，考虑理想膏体充填条件下三个分层开采结束以后累计地表下沉量125 mm，以及保护地表村庄不破坏的最大允许下沉系数$q_{许}=0.05$，按照地表下沉量与采高成正比的关系，可以计算出，邢台煤矿工业广场附近的膏体充填开采三个分层，可以允许一定高度的欠接顶量，即每一分层充填时的最大欠接顶高度只要不超过60 mm，相当于采高的3%，控制地表沉陷的目标就能实现。

4.2.4　粉煤灰膏体充填工作面矿压及顶板稳定性分析

采煤工作面开采过程中，紧跟工作面，在工作面后方及时有效地进行膏体充填以后，能够保证煤层顶板在采空区侧能得到充填体的有效支撑作用，可以把充填工作面的顶板简化为受不等刚度弹性基础上的梁式结构[90]，顶板结构在工作面煤壁前方受煤体的支撑，在工作面内受支柱/支架支撑，而在采空区受充填体支撑，在上述支撑体系的作用下，顶板结构保持完整，工作面周围的矿压显现应该比垮落法开采的采场周围矿压明显弱，充填工作面周围支承压力及其显现不明显，对于工作面顶板稳定性维护也是有利的。

(1) 工作面前后方支承压力分布

图 4-8 是开采第一分层，开采范围达到 450 m 的充分采动条件下两种开采方法对应的工作面前方支承压力分布情况。对于分层全部垮落法开采，工作面前方支承压力峰值位于工作面煤壁前方 13.3 m 处，为 9.52 MPa，约为原岩应力的 2 倍，而分层膏体充填开采条件下的前支承压力峰值位于工作面前方 8 m 处，为 7.87 MPa，只有原岩应力的 1.6 倍左右，充填开采支承压力峰值是垮落法开采的 82.7%，其影响范围也比常规开采小得多。图 4-9 为充填开采时工作面后方支承压力分布。

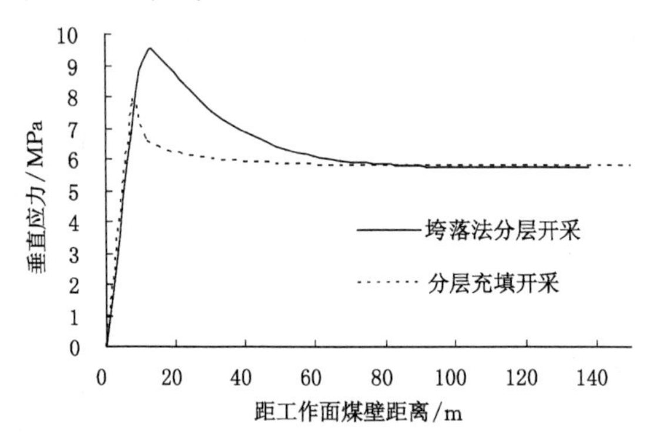

图 4-8　工作面前方支承压力分布

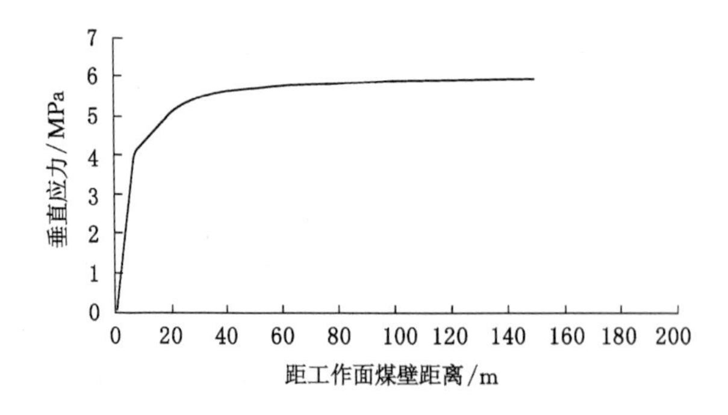

图 4-9　充填开采工作面后方支承压力分布

(2) 工作面后方顶板下沉

工作面后方顶板下沉曲线如图 4-10 所示。图 4-10(a)为工作面后方 100 m 范围内的下沉曲线，可见全部垮落法开采情况下，在工作面后方 60 m 处顶板已经完全下沉，即顶板下沉量已达到工作面的采高 2 m，而膏体充填开采时顶板的下沉量只有 52 mm。图 4-10(b)为工作面后方 10 m 范围内顶板的下沉曲线，充填工作面和垮落法开采工作面的最大控顶距分别按 6.0 m 和 4.0 m 考虑，则在控顶范围内，充填开采顶板下沉量不到 50 mm，分层全部垮落法开采顶板下沉量为 170 mm，为充填开采的 3.5 倍左右。

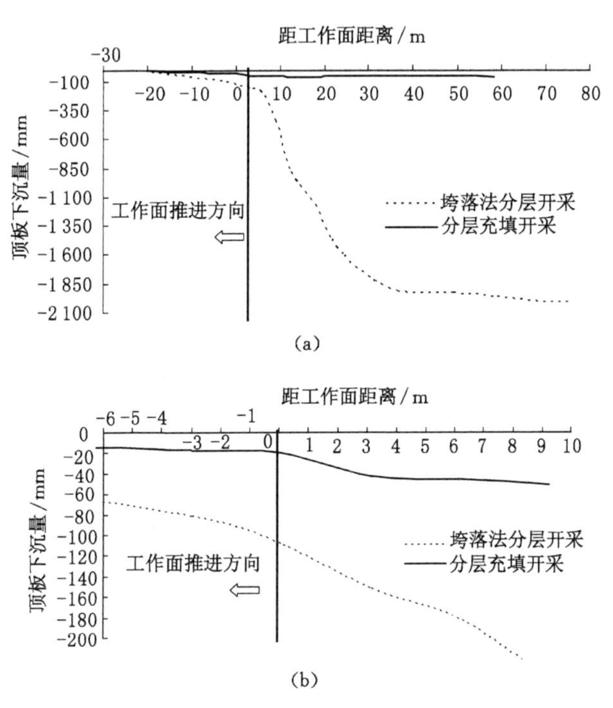

图 4-10　工作面后方下沉曲线

(a) 工作面后方 100 m 范围内顶板下沉曲线；

(b) 工作面后方 10 m 范围内顶板下沉曲线

由数值模拟结果可以知道，充填开采由于采用全部充填法管理顶板，工作面矿压显现较全部垮落法管理顶板明显缓和，顶板活动不明显，因此工作面顶板(顶煤)控制较容易，其排距和柱距、工作面控顶距可以适当加大，甚至可以试验带帽点柱支护。

需要指出的是，工作面正常生产首先需要保证安全，这是关系到煤矿安全生产的大事，也关系到粉煤灰膏体充填技术应用的成功与失败，尽管从理论分析上表明膏体充填工作面矿压显现比全部垮落法开采轻微，顶板煤岩更能保持稳定，但是，在支护上首先要坚持单体支柱与铰接顶梁配合，在取得膏体充填试验成功后，再试验其他简化支护的形式。

4.3 影响地表沉陷主要因素的数值模拟及分析

通过前面的理论分析，我们知道膏体充填全采全充技术中多个因素可能影响到地表的最终沉陷值。在工程地质和采矿技术条件一定的情况下，充填体的强度、充填率是两个最主要的因素。为了从数值上更深入地分析各个因素对地表最大下沉值的影响程度，采用 FLAC 数值模拟软件进行各个因素的多元数值模拟分析。

为了研究充填体强度、充填率[91-93]对地表下沉的影响程度，可采用如下方案进行模拟：

(1) 在充填率一定的条件下，采用不同的充填体强度进行模拟计算，得出不同强度下的地表最大下沉值。进而分析充填体强度和地表最大下沉值之间的关系，确定充填体强度对地表最大下沉值的影响程度。

(2) 在充填体强度一定的条件下，采用不同的充填率进行模拟计算，得出不同充填率的条件下的地表最大下沉值。进而分析充填率和地表最大下沉值之间的关系，确定充填率对地表最大下沉值的影响程度。

4.3.1 充填体强度对地表下沉影响的数值模拟研究

为了研究不同的充填强度对地表下沉的影响，固定充填率不变，开采一个分层(2 m)时，通过数值模拟，地表下沉值与充填体强度的关系如图 4-11 所示。

由图 4-11 可知：

(1) 充填体强度为 0.5 MPa 时，地表最大下沉值为 116 mm。

(2) 充填体强度为 1 MPa 时，地表最大下沉值为 78 mm。

(3) 充填体强度为 1.5 MPa 时，地表最大下沉值为 63 mm。

(4) 充填体强度为 2 MPa 时，地表最大下沉值为 56 mm。

(5) 充填体强度为 2.5 MPa 时，地表最大下沉值为 52 mm。

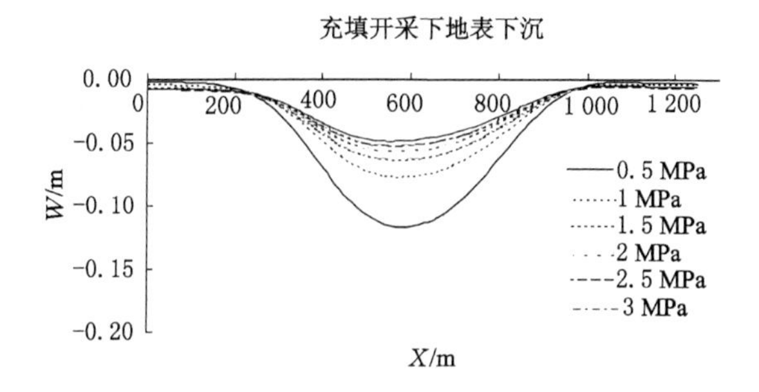

图 4-11　不同充填强度下地表下沉曲线图

(6) 充填体强度为 3 MPa 时，地表最大下沉值为 49 mm。

各种充填体强度下的地表下沉值见表 4-3，充填强度与地表最大下沉曲线如图 4-12 所示。

表 4-3　　不同充填强度下的地表最大下沉值

充填体强度/MPa	0.5	1.0	1.5	2.0	2.5	3.0
充填分层最大下沉值/mm	116	78	63	56	52	49

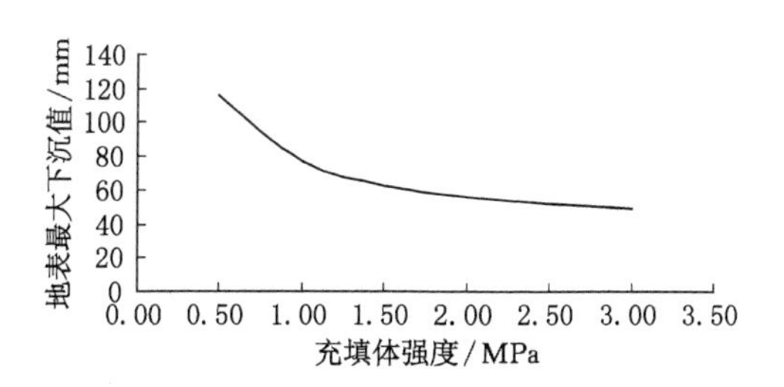

图 4-12　充填体强度与地表最大下沉值曲线图

由图 4-12 可以看出，充填体强度对地表最大下沉值的影响较大。数值模拟结构表明：强度-最大下沉关系曲线是下凸的减函数，其图形曲线可以用 $y=15.607x^2-78.574x+147.41$ 近似表示。也可以认为，随着充填体强度的降低，地表下沉值的增加有加快的趋势。当充填体强度为 1.5～3 MPa 时，地表最大下沉值随强度的减小呈线性的增加，但当充填体强度进一步减小时，即充填体强度小于 1.5 MPa 时，地表最大下沉值迅速增加。由此可见，充填体强度对地表的最大下沉起着重要的作用。

4.3.2 充填率对地表下沉影响的数值模拟研究

除了充填体的强度对地表下沉具有影响，采空区充填的充填率也是地表下沉的主要影响因素之一，充填率是充填体原始高度与采高之比，充填率与充填体欠接顶量成反比。为了研究不同的充填率对地表下沉的影响，在这里固定充填体强度不变，开采一个分层(2 m)时，通过数值模拟，地表下沉值与充填率的关系如图 4-13 所示。

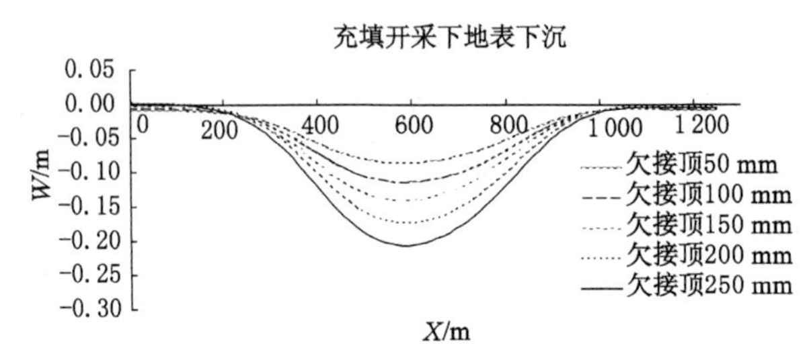

图 4-13 不同充填率时地表下沉曲线图

由图 4-13 可知：

(1) 欠接顶量为 50 mm 时，地表最大下沉值为 85 mm。

(2) 欠接顶量为 100 mm 时，地表最大下沉值为 113 mm。

(3) 欠接顶量为 150 mm 时，地表最大下沉值为 140 mm。

(4) 欠接顶量为 200 mm 时，地表最大下沉值为 174 mm。

(5) 欠接顶量为 250 mm 时，地表最大下沉值为 206 mm。

不同充填体欠接顶量引起的地表下沉值见表 4-4，充填率与地表最大下沉值曲线如图 4-14 所示。

表 4-4 不同充填率时的地表最大下沉值

充填率/%	97.5	95	92.5	90	87.5
充填欠接顶量/mm	50	100	150	200	250
充填分层最大下沉值/mm	85	113	140	174	206

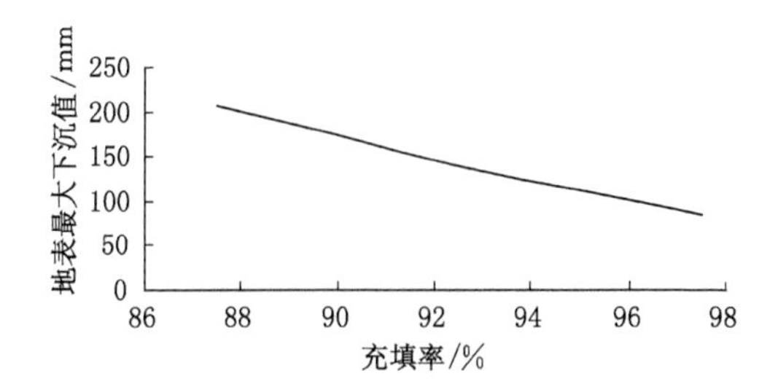

图 4-14　充填率与地表最大下沉值曲线图

由图 4-14 可以看出，充填率对地表最大下沉值的影响也较大。数值模拟结构表明：充填率-最大下沉关系曲线近似一线性函数，其图形曲线可以用 $y=-12.112x+1\ 264$ 近似表示。也可以认为，随着充填率的减小，即充填体欠接顶量的增加，地表下沉值逐渐增加，且变化的幅度基本是均匀的。所以，充填率也是控制地表沉陷的关键因素之一，因此保证足够高的充填率是达到分层膏体充填开采达到预期效果的重要前提。

4.3.3　主要因素对地表下沉影响程度的比较分析

为了研究充填体强度、充填率对地表下沉值的影响程度差异，需要对各个影响因素的综合影响进行比较。这里将这两个主要因素放在一个图形中，进行较直观的比较。为了便于比较，最大值取 1，最小值取 0，其他各值等比例缩放，经过变换后生成如图 4-15 所示的比较曲线。

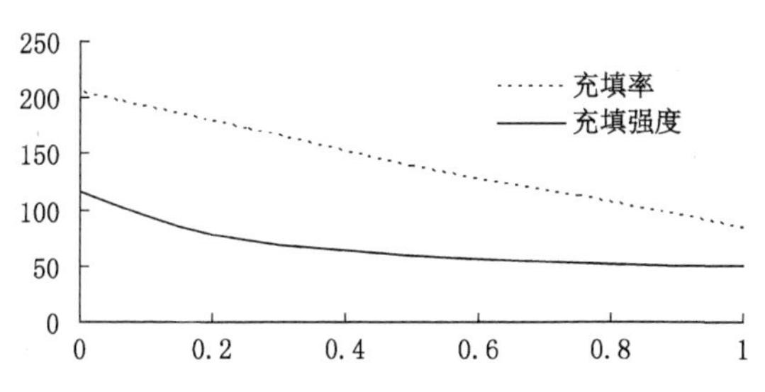

图 4-15　两个主要因素对地表下沉影响曲线

由图 4-15 可以看出，比较充填强度和充填率对地表下沉的影响，可分两个部分来进行分析。当充填体强度小于 1.5 MPa 时，充填体强度-下沉曲线斜率较充填率-下沉曲线斜率大，且变化大，此时充填体强度对地表下沉值的影响高于充填率对地表沉陷的影响。当充填体的强度大于 1.5 MPa 时，充填率-下沉曲线斜率比充填体强度-下沉曲线斜率大，此刻充填率对地表下沉值的影响高于充填体强度对地表沉陷的影响。由此可以看出，在安全、经济和技术允许的条件下，充填体强度达到足够强度，控制充填率是减沉的关键。在实际的充填实施过程中，尽量保证充填体的强度，使之避开充填体强度-下沉曲线斜率急剧变化的部分(数值模拟计算，充填体强度 1.5 MPa 以下)。

通过对两个主要因素对地表沉陷影响的分析，针对邢台煤矿实际，可以得出以下结论：在确保安全、经济性好、技术先进的前提下，要达到理想的减沉，在施工中要保证充填体具有一定的强度，尽可能地减少顶板的欠接顶量，提高充填率。这就要求在充填的过程中，要保证具有足够大的空间进行充填，达到较好的减沉效果，满足建筑物下地表沉陷的基本要求。

4.4 本章小结

本章为了满足规程规定地面建筑物属于Ⅰ级破坏的要求，数值模拟充填控制地表下沉量效果的预测，并采用不同方案进行了各个主要影响因素对地表最大下沉量影响的数值模拟，通过多样本数值模拟分析，得出以下结论：

(1) 对于邢台煤矿工业广场附近的 2# 煤层，采用分层膏体材料全部充填开采，在及时理想充填下，通过三个分层采完全部煤层以后，累计的最大下沉量为 125 mm，最大倾斜变形量为 0.39 mm/m，最大曲率变形量为 0.003×10^{-3}/m，最大水平移动量为 56 mm，最大水平变形量为 0.3 mm/m，倾斜变形量、水平变形量、曲率变形量均小于Ⅰ级破坏变形允许值的范围内。

(2) 充分采动情况下，对于分层全部垮落法开采，工作面前方支承压力峰值位于工作面煤壁前方 13.3 m 处，为 9.52 MPa，约为原岩应力的 2 倍，而分层膏体充填开采条件下的前支承压力峰值位于工作面前方 8 m 处，为 7.87 MPa，只有原岩应力的 1.6 倍左右，充填开采支承压力峰值是垮落法开采的 82.7%，其影响范围也比常规开采小得多。充填工作面和垮落开采工作面的最大控顶距分别按 6.0 m 和 4.0 m 考虑，则在控顶范围内，充填开采顶板下沉量不到 50 mm，分层全部垮落法开采顶板下沉量为 170 mm，为充填开采的 3.5 倍左右。

(3) 充填体的强度对地表最大下沉量的影响最大。数值模拟结果表明：强度-最大下沉关系曲线是下凸的减函数，随着充填体强度的降低，地表下沉值的增加有加快的趋势。当充填体强度为 1.5～3 MPa 时，地表最大下沉值随强度的减小呈线性的增加，但当充填体强度进一步减小时，即充填体强度小于 1.5 MPa 时，地表最大下沉值迅速增加。由此可见，充填体强度对地表的最大下沉起着重要的作用。

(4) 充填率对地表最大下沉值的影响也较大。数值模拟结构表明：充填率-最大下沉关系曲线近似一线性函数，随着充填率的减小，即充填体欠接顶量的增加，地表下沉值逐渐增加，且变化的幅度基本是均匀的。所以，充填率也是控制地表沉陷的关键因素之一，因此保证足够高的充填率是达到分层膏体充填开采达到预期效果的重要前提。

(5) 通过对各个主要影响因素的影响比较，确定了多个影响因素对地表最大下沉量影响的程度。当充填体强度小于 1.5 MPa 时，充填体强度-下沉曲线斜率较充填率-下沉曲线斜率大，且变化大，此时充填体强度对地表下沉值的影响高于充填率对地表沉陷的影响。当充填体的强度大于 1.5 MPa 时，充填率-下沉曲线斜率比充填体强度-下沉曲线斜率大，此刻充填率对地表下沉值的影响高于充填体强度对地表沉陷的影响。由此可以看出，在安全、经济和技术允许的条件下，充填体强度达到足够强度，控制充填率是减沉的关键。在实际的充填实施过程中，尽量保证充填体的强度，使之避开充填体强度-下沉曲线斜率急剧变化的部分。

(6) 通过两个主要因素对地表沉陷影响的分析，针对邢台煤矿实际，可以得出以下结论：在确保安全、经济性好、技术先进的前提下，要达到理想的减沉，在施工中要保证充填体具有一定的强度，尽可能地减少顶板的欠接顶量，提高充填率。

第5章　现场工业性应用

本章将前面所研究的内容结合邢台煤矿的地质和开采技术条件，对建筑物下粉煤灰膏体充填采煤技术在邢台煤矿的应用情况作一介绍。

5.1　邢台矿充填系统概述

充填系统包括材料储存、配料制浆、管道输送、废巷或工作面充填等四大部分。具体见充填系统工艺流程图(附录中的附图 1)和现场充填系统实物图(附录中的附图 2)。其中，材料储存包括粉煤灰、混合料、胶结料和水的储存；配料制浆包括搅拌设备和配料方式；管道输送是指充填站膏体经电厂内地面管路进入地面充填钻孔管路，由孔底管路与充填巷道相连，具体见充填管路地面及井下布置图(附录中的附图 3、附图 4)；废巷或工作面充填是指在已报废的巷道或采用长壁开采方式的采空区内充填膏体。

5.2　充填系统的要求和设备选择

5.2.1　充填系统的要求

(1) 系统充填能力

由于前期试验是在井下废巷进行充填，对充填能力的要求不高，因此，在确定系统充填能力时，按照后期工作面采空区充填的需要来考虑，即要满足两个方面的要求：一是系统能力要满足年处理电厂粉煤灰 30 万 t 的需要，平均日处理粉煤灰1 000 t；二是系统能力要满足充填工作面日产2 000 t煤的需要。

① 工作面产量对充填力的要求

在工作面冒落区充填阶段，工作面生产能力越大，可用于充填的空间也越大，因此，系统充填能力的确定需要考虑工作面生产能力、煤炭密度、采充比、完成充填作业的时间要求等，计算公式如下：

$$q = (Q \times K_f \times K_o)/(\rho \times T_1) \tag{5-1}$$

式中　q——充填能力，m^3/h；

Q——充填工作面生产能力，t/d；

K_f——采充比；

K_o——充填能力富裕系数；

ρ——煤炭密度，t/m^3；

T_1——日有效充填时间，h/d。

对于邢台煤矿，经计算可得满足充填工作面生产要求的充填能力为88～118 m^3/h。

需要说明的是，根据现场查看邢台矿工作面顶板条件，工作面支架移架后，采空区直接顶随即垮落，其可充填空间由冒落矸石内的孔隙和冒落矸石与基本顶之间的空隙组成，由于冒落矸石的碎胀性和自身压力的作用，无论冒落的直接顶矸石与基本顶之间是否留有空隙，浆液都难以将冒落区孔隙全部充满，因此，采充比一般要小于1。计算中是按照冒落矸石形成的空隙较大、联通性较好的理想状态考虑的，从充填能力上为全采全充提供了保证，因此工作面生产对系统充填能力的需求可取为$q=110\ m^3/h$。

② 粉煤灰产量对充填能力的要求

根据初步配比试验结果，邢台矿充填使用的粉煤灰膏体浓度初步选定为$C_w=55\%\sim60\%$，该浓度范围内，单位体积膏体中粉煤灰用量为$M_{灰}=650\sim860\ kg/m^3$，显然，粉煤灰日消耗量一定的情况下，单位体积膏体中粉煤灰用量越多，对充填处理的能力要求就越小。其充填能力的计算公式如下：

$$q = Q_{灰} \times K_o \times 1\ 000/(M_{灰} \times T_1) \tag{5-2}$$

式中　$Q_{灰}$——粉煤灰日处理量，t/d；

$M_{灰}$——单位体积膏体粉煤灰用量，kg/m^3；　其余符号意义同前。

对于邢台矿电厂，经计算可得满足电厂粉煤灰处理量要求的充填能力为$q=70\sim92\ m^3/h$。

③ 充填能力的确定

根据上述两个方面对系统充填能力的要求，在相同有效充填时间条件下，工作面可充填空间对充填能力的要求与粉煤灰日处理量对充填能力的要求相差不大。当有效充填时间为15 h时，对充填能力的需求为$q=118\sim123\ m^3/h$；当有效充填时间为20 h时，对充填能力的需求为$q=70\sim92\ m^3/h$。考虑到初期试验选择的充填泵将来作为备用泵，充填能力可适当小些，以降低初期投资。综合比较，取充填能力$q=110\ m^3/h$。

需要指出的是，通过后期进一步优化充填工艺与工作面生产之间的关系，邢台矿是有条件实现全天（有效充填时间为20 h）连续充填处理粉煤灰的。可见，该系统充填能力对后期优化是有富裕储备的，这也为后期电厂扩大生产能力、增加粉煤灰处理量提供了保证。

(2) 充填系统工艺流程

邢台矿电厂粉煤灰资源丰富，厂区内粉煤灰管路输送方便，整个充填系统由材料的存储、配料制浆、管路输送等部分组成。井下废巷粉煤灰膏体充填处理系统工艺见系统工艺流程图（附录），其系统框图如图5-1所示。

① 材料储存

a. 粉煤灰的储存

电厂采用混凝土料仓进行粉煤灰的缓冲储存。粉煤灰属于粉状物料，颗粒细小，受雨水影响时将不便输送，因此，充填站内对粉煤灰采用技术比较成熟的钢板仓进行储存，仓顶设除尘器，粉煤灰由锅炉收尘器通过管路直接输送至钢板仓，实现粉状物料的密闭输送，控制粉尘在环保要求范围内。

b. 混合料的储存

邢台矿井下废巷粉煤灰膏体充填处理选用中国矿业大学专用混合料，与粉煤灰物料状态类似，属于粉状物料，因此，采用钢板仓进行储存，仓顶设除尘器，试验初期混合料由粉状物料罐车运输，直接输送进钢板仓，同样实现粉状物料的密闭输送，控制粉尘在环保要求范围内。

c. 胶结料的储存

邢台矿粉煤灰膏体充填选用中国矿业大学SL系列胶结料，其存储输送

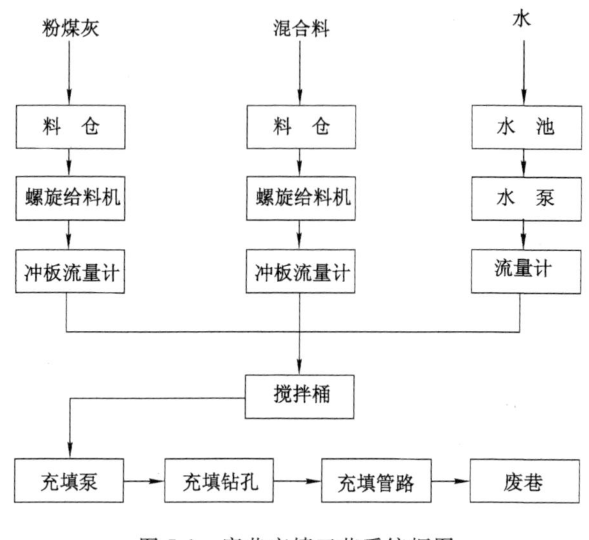

图 5-1　废巷充填工艺系统框图

与混合料相同。需要说明的是，在井下废巷粉煤灰膏体充填处理阶段，充填配制的料浆为非胶结性膏体，不使用胶结料。

d. 水的储存

据调查，邢台矿电厂已有水塔供水能力保证电厂正常生产用水已较为紧张，充填站用水可引自电厂地下排水沟。因此，充填用水采用水池蓄水，在充填站内修建蓄水池，将排水沟内的水泵送至蓄水池储存，然后用水泵将水池内的水送去配料制浆。

② 配料制浆

a. 搅拌设备

邢台矿膏体充填主要原料为粉煤灰，膏体中并无粗粒集料，且膏体质量浓度小于 60%，采用搅拌桶即可搅拌。与间歇式搅拌机相比，搅拌桶投资小，可实现连续搅拌和动态控制，对给料设备能力的要求相对较低，这对降低初期投资十分有利。

b. 配料方式

配料的连续稳定是保证充填系统正常运行的关键，也是保证充填质量的关键，邢台矿废巷膏体充填采用“连续加料、连续搅拌、连续放浆”的连续配料方式。根据国内外充填经验，既要使膏体浓度尽可能高，尽量减少泌水，以最大能力处理粉煤灰，又要保证膏体稳定可靠的泵送性能，膏体浓度变化的范围应该尽量小。为保证膏体配制的质量，设计中对粉煤灰加料速度、搅拌桶搅拌速度由计算机动态实时监控，自动调整，保证配制的料浆均匀、浓度稳定。

③ 管路输送

充填站膏体经电厂内地面管路进入地面充填钻孔，由孔底管路与充填巷道相连。地面管路及钻孔布置见附录。根据区内已有巷道布置情况，井下管路由孔底硐室至东翼第二进风上山上部可考虑两个方案：

方案一：由孔底硐室经东翼三轨道石门、东翼三轨道、−260 m 大巷至第二进风上山上部，总长度约 1 100 m。

方案二：由孔底硐室沿−210 m 东翼回风巷，经东翼第二运输上山、−260 m 大巷至第二进风上山上部，总长度约 1 400 m。

考虑到方案二线路较长，且东翼第二运输上山已失修废弃多年，铺设管路难度较大，因此，井下管路输送选用方案一。

④ 充填站布置

充填站位于邢台矿电厂内，对于充填的布置主要考虑以下五个方面：一是尽量避开地下已有电缆和管线的影响；二是尽量靠近已有输灰管线，便于输送粉煤灰；三是尽量减小充填站对原有道路的占用和破坏；四是尽量降低对附近厂房生产的影响；五是尽量降低充填站初期工程量和投资。

根据上述几个方面的要求，初期按照简化模式来考虑，即“两仓、一桶、一泵”模式，初期的布置能够在完整模式下直接使用。根据充填站对道路的影响和设备能力的需求，初步考虑三个布置方案。需要说明的是，考虑到尽量减小地下电缆和管路的影响，设计期间电厂提出在二期冷却塔东北侧布置充填站，经多次设计布置，由于受该处空间限制，最终放弃在该处布置充填站。

方案一：充填站沿电厂原有道路北侧布置，充填站不占用道路。充填站由充填泵房、搅拌厅、料仓、控制室、蓄水池、沉淀池等组成，充填泵房和搅拌厅轻钢结构，占地面积为 9 m×15 m，料仓沿东西水泥路布置。初期按照充填能力布置 1 个搅拌桶。

方案二：充填站沿电厂原有道路布置，充填站将东西水泥路完全占用。料仓沿北侧围墙东西向布置。充填站由搅拌大厅、料仓、控制室、蓄水池、水泵房、沉淀池等组成，充填泵位于搅拌大厅内，占地面积为 9 m×24 m，轻钢结构，料仓东西向布置。初期按照充填能力的一半布置1个搅拌桶。

方案三：充填站沿渣仓东侧空地布置，结构与方案一相同，不影响原有东西向水泥道路。

通过比较不难看出，方案一不占用渣仓出渣道路，对电厂生产系统的影响最小，简化模式下能够达到设计充填能力，控制室可充分利用料仓下部空间，但方案一充填站占用场地长度较大，完整模式下长度达58 m，此外搅拌桶选用型号也大。方案二场地紧凑，完整模式下占用场地的长度仅为35 m，料仓可对称布置，但方案二占用了渣仓出渣道路，渣仓出渣需新改道路，且需单独设立水泵房。方案三与方案二结构相同，虽然对渣仓出渣道路没有影响，但完全占据了渣仓东侧空地，对后期电厂扩建工程造成影响。

综合比较，选用方案一较为有利。

⑤ 钻孔布置

考虑到钻孔场地内地下电缆和管路较多，因此钻孔选择在化水站东门口的道路上。

5.2.2　充填系统设备的选择

(1) 搅拌设备的选型

搅拌效果是决定充填质量和料浆输送是否顺畅的关键技术之一，邢台矿电厂粉煤灰处理采用连续搅拌方式，搅拌设备选用搅拌桶较为合适。对应邢台矿所用搅拌桶的选择，需考虑两方面的要求：一方面是浓度的要求，即搅拌桶能够搅拌高浓度物料；另一方面是高浓度条件下，搅拌桶出口放料能力要满足充填泵泵送的能力。

据调查，一般矿用搅拌桶的最大搅拌浓度多为40%左右，而一般电厂用粉煤灰加湿搅拌桶搅拌，灰水比为1∶2.5，浓度较低，难以满足邢台矿粉煤灰膏体搅拌的需要，因此，需要选用高浓度搅拌桶。

目前，高浓度搅拌桶在金属矿山尾砂充填中应用较多，如甘肃金川二矿区高浓度料浆管道自流输送充填系统中选用了北京有色冶金设计研究总院设计研制的高浓度强力搅拌桶，凡口铅锌矿全尾砂高浓度自流充填系统选用了长沙矿山研究院研制的水泥砂浆强力搅拌机，均取得了较好的搅拌效果。北京有色冶金设计研究总院对高浓度搅拌桶几经改进，已形成系列高浓度强力搅拌桶，最高理论搅拌浓度可达 80%。因此，从搅拌浓度来看，高浓度强力搅拌桶能够满足邢台矿粉煤灰膏体搅拌浓度的要求。

搅拌桶出口放料能力主要受桶出料口大小、料浆流动性能、搅拌桶液面高度、出口料的均匀程度等因素的影响。邢台矿粉煤灰膏体充填系统采用连续搅拌连续放料形式，在搅拌桶进、出料口自然临空的条件下，可简化为恒定出流模型。对于邢台矿浓度为 55%～60%的粉煤灰膏体，按照恒定出流模型进行了试验和计算，结果如图 5-2、图 5-3 所示。

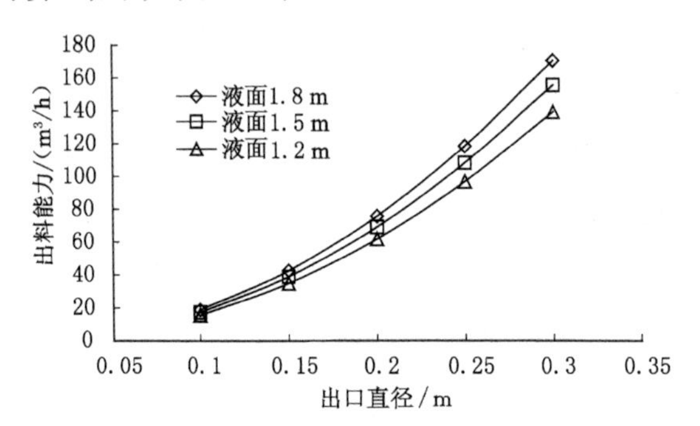

图 5-2　搅拌桶出口直径与出料能力的关系

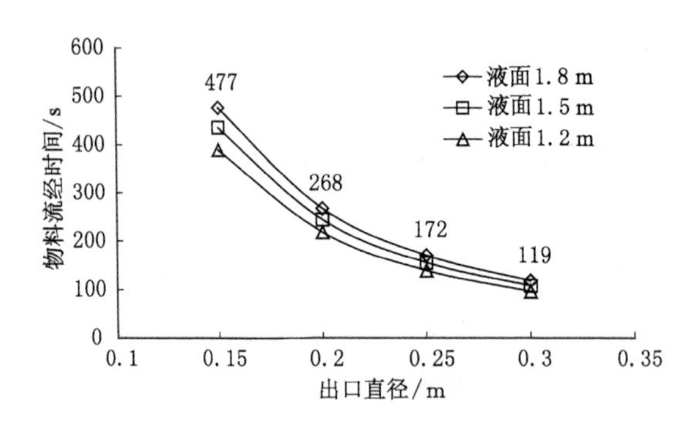

图 5-3　搅拌桶出口直径与流经时间的关系

图 5-2 所示为 ϕ2 000 mm×2 100 mm 高浓度强力搅拌桶，液面高度分别保持在 1.8 m、1.5 m 和 1.2 m 条件下恒定出流时出料口直径与出料能力的理论计算关系。由图 5-2 可见，单台搅拌桶出料能力要达到 110 m^3/h，液面高度保持在 1.8 m 以上，出口直径取 250 mm 就能满足要求。

图 5-3 所示为 ϕ2 000 mm×2 100 mm 高浓度强力搅拌桶，液面高度分别

保持在 1.8 m、1.5 m 和 1.2 m 条件下恒定出流时出料口直径与流经时间的理论计算关系。由图 5-3 可见，出口直径为 250 mm 条件下，尽管出料能力能够满足要求，但物料流经时间较短，液面最高 1.8 m 条件下，物料 3 min 之内就从出料口放出来。参照金川二矿膏体搅拌经验，一般物料在搅拌桶经过 4～5 min 的搅拌，放出的物料才比较均匀。因此，从物料搅拌均匀程度的角度来考虑，需减小出口直径。

对比分析图 5-2 和图 5-3 不难发现，如果选用 1 台 ϕ2 000 mm×2 100 mm 搅拌桶，在满足系统充填能力条件下，物料的流经时间短，料浆搅拌效果无法保证。因此，对于邢台矿粉煤灰膏体充填，将搅拌桶与充填泵缓冲斗密封连接，增大搅拌桶高度，以增加物料的流经时间，保证物料的搅拌效果。所以，初期选用 1 台 ϕ2 500 mm×2 500 mm 高浓度搅拌桶，电动机功率为 40 kW。

(2) 料仓的选型[94]

混合料、胶结料和粉煤灰均需用料仓缓冲储存，由前面计算可知，完整模式下，混合(胶结)料每天最大用量为 250 t，约 150 m^3；粉煤灰每天要消耗 1 000 t，约 1 250 m^3，考虑到初期降低投资的需要，混合(胶结)料共用 1 个 150 m^3的小仓，粉煤灰选用 500 m^3的大仓。

(3) 给料设备的选型

粉状物料的给料设备通常选用螺旋给料机。由前面的配比计算可知，粉煤灰每小时用量为 72～95 t，混合料每小时用量 4.4～16.5 t。考虑适当富裕能力，粉煤灰螺旋给料机选用 1 台 LSY400 型螺旋给料机，混合(胶结)料螺旋给料机选用 1 台 LSY1600 型螺旋给料机，技术性能见表 5-1。该给料能力条件下，根据前面配比可计算试验初期系统配料能力为 17.4～22.9 m^3/h。

表 5-1　螺旋给料机性能表

型号	外壳直径/mm	工作角度/(°)	最大输送长度/m	最大输送能力/(t/h)	电动机功率/kW
LSY400	402	0～45	25	130	30
LSY160	194	0～60	14	25	7.5

(4) 计量设备的选型

系统采取连续搅拌的模式，粉煤灰和混合料需选用连续计量设备。目前，对粉状物料的连续计量多采用冲板流量计，特别是在水泥行业应用较为普遍，技术比较成熟，且冲板流量计一般都是自身密封结构，能在高粉尘环境下使用，对现场不会造成粉尘污染。根据螺旋给料机的给料能力选用 2 台 ILE 系列冲板流量计，技术性能见表 5-2。

表 5-2　　冲板流量计性能表

型号	测量范围/(t/h)	电源/V	精度/%
ILE-61	0～350	198～242	0.5～1
ILE-37	0～40	198～242	0.5～1

（5）水泵的选型

水的供给由水泵泵送，根据初步配比试验结果，水的总用量为 66～73 t/h，考虑 1.2 的富裕系数，完整模式下，水泵的排量应不低于 85 m^3/h。初期简化模式下，选择 3 台水泵——1 台潜水泵用于从排水沟向蓄水池泵水，另两台离心泵用于从蓄水池向搅拌桶泵水。这两台离心泵其中 1 台工作，1 台备用，技术性能见表 5-3。

表 5-3　　水泵性能表

型号	流量/(m^3/h)	扬程/m	电机功率/kW
100QW-100-15-7.5	100	15	7.5
SB-X80-65-160K	90	33.5	15

（6）收尘器的选型

由于采用连续搅拌模式，冲板流量计和搅拌桶自身均是密封结构，两者之间的连接也是密封连接，当桶内料位保持一定高度的情况下，搅拌桶料位上部和冲板流量计之间便形成了密闭空间，物料进入搅拌桶时，受密闭空间空气无法外泄的影响，物料难以落入搅拌桶，即相当于向一个没有出气口的容器灌注物料，容器中的空气必须从进料口排出，影响了向搅拌桶加料的效果，严重情况下，物料可能无法落入搅拌桶，因此搅拌桶上部必须开设出气口并加以收尘。

搅拌桶出气口对收尘的要求不同于普通的厂房负压收尘。如果桶内负压过大，物料还未进入搅拌桶液位以下便被收尘器收走，将会造成料浆配比失准，且搅拌桶搅拌状态下，粉尘的湿度较大，用普通袋式收尘效果不好。因此，针对搅拌桶收尘的特殊要求，不宜选用普通袋式负压收尘器。分析搅拌桶出气口的作用不难发现，出气口主要是为物料落入搅拌桶提供必要的通气条件，只要将出气口气流中的粉尘过滤下来即可，因此该处宜选用呼吸袋除尘，既能保证搅拌桶内气流通畅，又能实现粉尘的过滤收集。

(7) 充填管路的选型

① 流速选择

膏体充填材料在管道输送中的一个重要特点是无临界流速，可以在很低的流速条件下长距离输送。根据国内外金属矿山充填的经验，一般膏体料浆在管道内的流速控制在 1 m/s 左右，金川有色金属公司的经验是膏体在管道内合理的流速范围为 0.6～1.0 m/s，铜绿山铜矿设计的膏体流速为 0.5～0.6 m/s，太平煤矿实际运行的膏体流速为 1.4 m/s。膏体流速过高，流动需要克服的水力坡降大，管道磨损的速度也快，会增大能量消耗，流速过小则充填能力不能满足生产的需要。考虑到邢台矿是粉煤灰膏体中无粗颗粒集料，其水力坡降相对较小，因此，充填系统设计流速 v_j 约为 1.5 m/s。

② 充填管内径

充填系统能力 $Q_j=110\ m^3/h$，按照充填系统能力的需要和选择的流动速度，可以计算出充填管道的最小内径 D：

$$D=\sqrt{\frac{10\ 000Q_j}{9\pi \cdot v_j}}=\sqrt{\frac{10\ 000\times110}{9\times3.14\times1.5}}=161\ (mm)$$

取最小管径为 160 mm。

③ 充填系统最大工作压力计算

充填管道的壁厚主要受充填系统最大工作压力、管道材质和允许磨损厚度等控制，而充填系统压力则与充填料浆的流动性能、充填系统管路长度成正比关系。根据环管泵送试验，流速为 1.5 m/s 时，邢台矿粉煤灰膏体在管道中流动的水力坡降 $i=7.1$ kPa/m。考虑到邢台矿充填选用的充填管内径大于实验室环管试验的管径，其水力坡降要小于 7.1 kPa/m，为进一步把握邢台矿粉煤灰膏体的水力坡降，对邢台矿粉煤灰膏体和太平矿河沙膏体的旋转黏度分别进行了对比试验，试验结果如图 5-4 所示。

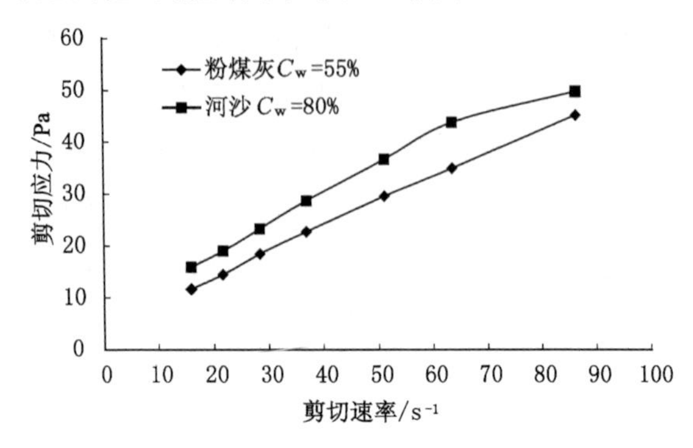

图 5-4　旋转黏度对比试验图

由图 5-4 可见，相同剪切速率情况下，太平矿河沙膏体对应的剪切应力明显高于邢台矿粉煤灰膏体。随着剪切速率的增大，太平矿河沙膏体剪切应力增长较快些，这与太平矿河沙膏体浓度高有关，在测试范围内，邢台矿粉煤灰膏体的剪切应力为太平矿河沙膏体的 73%～79%。太平矿选用内径为 160 mm 的充填管，速率为 1.2 m/s 的情况下，水力坡降为 7.8 kPa/m。按旋转黏度比例可折算邢台矿水力坡降为 6.2 kPa/m，综合比较取 6.5 kPa/m。

初期试验巷道位于东翼第二进风上山，管路长度较短，充填泵与井下充填管出料口高差小，而后期试验工作面在 7613 处，管路长度较长，充填泵与井下充填管出料口高差大，因此，考虑泵送压力时，分别进行计算。

对于东翼第二进风上山充填，其充填距离包括：地面管路段 300 m；充填钻孔段±292 m；－210 m 东翼回风巷石门段 300 m；东翼三轨道段 370 m；车场联络巷段±80 m；－260 m 大巷段±270 m。全线有弯头 14 个，如果每个弯头折算成水平管长度 10 m，则充填管路折算成水平距离为 1 750 m，充填泵与井下工作面充填管出料口高差 $\Delta H=\pm 340$ m，充填倍线为 5.1。考虑充填系统启动压力 $p_1=2$ MPa，因此系统所需的最大工作压力为：

$$p=p_1+L_0\cdot i-\Delta H\cdot \gamma_j=2+1\ 750\times 0.006\ 5-340\times 0.015=8.2\ (\mathrm{MPa})$$

对于 7613 工作面，如果以 7612 工作面探巷作为 7613 工作面切眼，则充填管路长度为 2 320 m，全线弯头 14 个，充填管路折算成直管段为 2 460 m，考虑后期其他充填点的需要，充填直管段最大按3 000 m考虑，参考7613工作面底板标高，充填泵与井下工作面充填管出料口高差$\Delta H=\pm 400$ m，则系统所需的最大工作压力为：

$$p=p_1+L_0\cdot i-\Delta H\cdot \gamma_j=2+3\ 000\times 0.006\ 5-400\times 0.015=15.5\ (\text{MPa})$$

从满足全矿充填的需要来考虑，充填系统最大工作压力为15.5 MPa。

④ 干路充填管道的选择

由于粉煤灰膏体对管路的磨损相对较小，充填管路不需要选用双层耐磨管，选用普通耐磨无缝钢管即可满足要求。我国生产的耐磨无缝钢管有NM300、NM400、NM300H等级别，其抗拉强度σ_t分别不小于500 MPa、700 MPa、500 MPa，在计算时，无缝钢管的允许拉应力一般取其抗拉强度的40%，无缝钢管抗拉强度取$\sigma_t=500$ MPa，则允许拉应力$[\sigma]_t=200$ MPa。另外，考虑不均匀及锈蚀等因素的附加厚度$\delta_1=1$ mm，充填管道允许磨蚀厚度$\delta_2=2$ mm，所以主体充填管道壁厚为：

$$\delta=\frac{p\cdot D}{2[\sigma]_t}+\delta_1+\delta_2=\frac{15.5\times 160}{2\times 200}+1+2=10\ (\text{mm})$$

进一步根据《输送流体用无缝钢管》(GB/T 8163—2008)，取壁厚$\delta=10$ mm，即选择ϕ180 mm×10 mm规格耐磨无缝钢管。

⑤ 充填钻孔管

在钻孔充填管选择方面，应该尽可能提高充填钻孔的可靠性和使用寿命，有以下两种选择：

a. 钻孔充填管径大于巷道充填管径。根据国内金川矿区经验，选ϕ300 mm内径管，钻孔直径ϕ400 mm，充填管壁后用高强度水泥浆注浆封闭，效果较好。但是，钻孔管与巷道内的充填管内径不一致，为管道清洗增加了困难。

b. 钻孔充填管径等于巷道充填管径。钻孔管径与巷道充填管径一致，特别便于管道清洗，也有利于保证清洗质量，缺点是钻孔管的使用寿命稍短些。

就邢台矿而言，从前面干路充填管的选择分析已经看到，巷道内布置的充填管内径D为160 mm，已经比较大了，这种情况下，如果选择钻孔充填管径等于巷道充填管径，钻孔充填管的磨损也是比较小的，充填寿命还是有保证的，且更便于管道清洗，这对于初期试验特别重要，所以邢台矿钻孔充填管与充填主管道规格相同，即为NM300级ϕ180 mm×10 mm规格耐磨无缝钢管。

根据国内金川有色金属公司二矿区、大冶铜绿山铜矿开展充填的经验，只要及时采取措施，钻孔钢管一般不会因为堵塞而报废。但在煤矿的实际生产中，如因钻孔钢管堵塞，不仅会影响充填，而且还容易影响煤炭生产，所以邢台矿充填布置 2 个充填钻孔，考虑 1 个备用钻孔。在施工过程中，充填钻孔采用垂直定向钻进，钻孔垂直偏斜角在 1.5°以内，以保证钻孔管壁受摩擦磨损比较均匀，提高钻孔充填管使用寿命。

需要指出的是，为了防止充填管路系统出现堵塞报废充填钻孔，在充填钻孔孔底附近设置了三通盲板，保证在钻堵塞事故发生时能够及时、安全地排掉钻孔内料浆，并用清水冲洗，保持钻孔始终通畅。

(8) 充填泵的选型

从前面的计算可知，系统充填能力为 110 m^3/h，对充填泵能力的要求较高。据调查，目前国外有专门生产用于充填的工业泵，其中德国普茨迈斯特公司的工业泵占世界市场的 70%，技术较为成熟，设备运行可靠，充填能力和输送距离完全能够满足需要，但价格相对较高，供货周期较长。国内还未有专门用于充填的工业泵，多采用混凝土泵来代替。考虑减少初期投资，邢台矿初期选用国内拖式混凝土泵作为充填泵，后期完整模式下选用 1 台国外专业的充填泵。

国内目前输送量大于 100 m^3/h 的拖式混凝土泵主要有 HBT105 型、HBT125 型、HBT140 型、HBT145 型。其中输送量最大的拖式混凝土泵为 HBT145 型，最大理论输送量为 150 m^3/h，理论最大输送距离 2 500 m，中联重科曾经设计生产，但该型产品用户较少，属于特种产品，供货期较长。常用的大流量混凝土泵是 HBT125 型，中联重科和三一重工均有生产，理论最大输送量可达 125 m^3/h。一般理论输出量在 85 m^3/h 以上的拖式混凝土泵均是采用柴油机驱动，据调查，上述几种型号中，流量最小的 HBT105 拖式混凝土泵每输送 1 m^3 物料，就要消耗 0.6 L 柴油，按柴油市场价格 4.8 元/L 计算，要完成每年 30 万 t 粉煤灰的处理量，仅柴油费用就高达 100 余万元人民币。为此，与中联重科研究所工程技术人员进行了交流，提出了将柴油动机改为电机驱动的建议，如图 5-5 所示，图中所示为中联重科提供的 HBT125.21.264S 型和 HBT125.21.320S 型两种改为电动机驱动的混凝土泵特性曲线。

需要指出的是，图 5-5 反映的是混凝土泵理想工作状况下压力与输送量之间的关系，实际输送量应该考虑 0.8～0.9 的吸入系数。

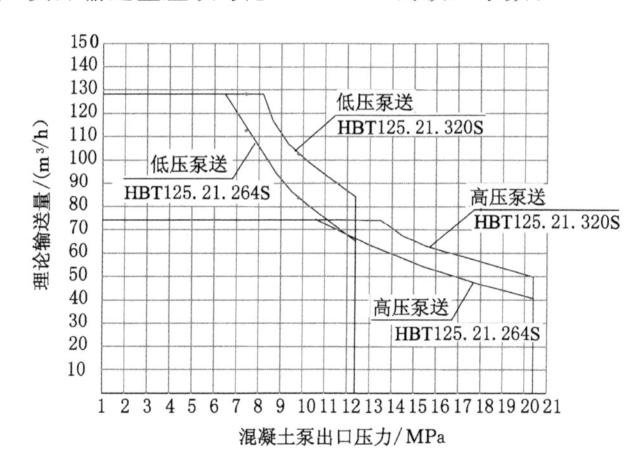

图 5-5　中联重科双电机驱动混凝土泵特性曲线

由前面计算可知，邢台矿设计充填能力为 q=110 m³/h，充填管路内径为 D=160 mm，流速为 v=1.5 m/s，对应的水力坡降为 6.5 kPa/m。对于东翼第二进风上山，设计充填能力下最大泵送压力为 8.3 MPa，该压力条件下，HBT125.21.264S 型和 HBT125.21.320S 型混凝土泵对应的理论输送量均为 125 m³/h，取吸入系数为 0.85，则对应的实际输送量为 106.25 m³/h，基本能达到设计充填能力。对于后期 7613 工作面，直管长度按 2 500 m 折算，可计算设计充填能力下最大泵送压力为 9.75 MPa，该压力条件下，HBT125.21.264S 型和 HBT125.21.320S 型混凝土泵对应的理论输送量均为 85 m³/h、105 m³/h，取吸入系数为 0.85，对应的实际输送量为 72 m³/h、90 m³/h。因此，对于后期工作面充填，如果能够优化工作面生产与充填的关系，使得有效充填时间达到 20 h，则系统充填能力可降至 85 m³/h。对比不难发现，只有 HBT125.21.320S 型混凝土泵能够满足要求。

综合后期工作面充填试验和初期废巷充填试验的需要，选择中联重科 HBT125.21.320S 型双电动机驱动拖式混凝土泵较为合适，其主要性能指标见表 5-4。

表 5-4　拖式混凝土泵性能表

型号	HBT125.21.320S
电动机功率/kW	2×160
最大理论输出量/(m^3/h)	127/74
最高泵送压力/MPa	20.5/12.5
外形尺寸/mm	6 760×3 580×2 800
料斗容积/L	800
整机质量/t	8

5.3　充填系统检测与控制

邢台矿充填工艺是一个将粉煤灰、混合料(胶结料)和适量的水等按照一定比例混合、搅匀,用充填泵输送到井下充填废巷的过程,包括地面充填站子系统、充填管路子系统、井下充填巷道子系统等,各子系统协同一致作用,才能够保证整个系统运转正常。由于整个系统连续运行,料浆的拌制和输送均处于动态调控,为保证制浆和充填质量,地面充填系统采用计算机自动控制,井下充填巷道或工作面采用适当提前与地面充填站通信协调、人工控制的方式。

充填站选择集散控制系统(DCS)进行控制。集散控制系统是随着现代化工业生产自动化的不断发展和过程控制要求的日益复杂应运而生的综合控制系统,它采用危险分散、控制分散而操作和管理集中的基本设计思想,多层分级、合作自治的结构形式,具有可靠性强、控制方案修改灵活、维护简便、故障诊断能力强等优点,目前在国内电力、冶金、石油、化工、制药等行业集散控制系统得到广泛的应用,国内现有的进行充填的金川二矿区、大冶铜绿山铜矿的充填站均使用了计算机集散控制。

5.3.1　充填站测控的基本技术要求

(1) 充填站测控的设计原则

充填站检测控制采用工业计算机自动控制方式,设计原则是:检测准确、控制可靠、操作简便、扩能通用。

① 检测准确原则：由于充填材料性能特别是其泵送性能对配比关系敏感，同时受经济成本的限制，配比中考虑的富裕量较少，要求各项检测数据特别是物料计量数据必须准确，这是正确控制的基础。根据国内外充填的经验，充填过程中充填浆体的质量浓度波动范围需要控制在±0.5%以内，所以充填系统以满足此条件为准确的要求标准。

② 控制可靠原则：考虑到充填系统停运造成严重管路堵塞以后需要较长时间才能够恢复，所以测控方案的选择及主机和仪表的选用，需要坚持采用先进、成熟的技术，关键环节设置失控或超限的声光报警与事故处理方法，力争做到切实可靠。计算机测控系统要与机电二次控制电路联锁，集中操作。为了集中监视主要设备的运转情况，在主要岗位配备闭路电视监视系统。

③ 操作简便原则：考虑现场人员素质情况，充填站检测控制的计算机操作必须简便，要求一般工人经过培训以后完全能够正确操作使用。

④ 扩能通用原则：邢台矿初期按简易模式进行系统建设，物料给料设备较少，系统控制对象只是完整模式的一部分，当该矿后期扩建成完整模式后，给料设备增多，新增设备的控制信号必须在简易模式的基础上很方便地识别控制，原控制模块功能可直接用于新增设备，控制系统中只需要将原模块增加数量即可。

(2) 充填站检测的基本内容与要求

充填站系统检测内容包括料位、称重、流量、密度、压力等五个方面。

① 料位：根据需要对粉煤灰仓、混合料仓、搅拌筒、水池等设置料位计，实时检测料位，并实行上、下限报警。

② 称重：粉煤灰和混合料由螺旋给料机连续给至冲板流量计，经冲板流量计进入搅拌筒，实现物料的连续称重计量，称重误差需要控制在±1%以内。

③ 流量：充填泵出口管道浆体或拌浆用的清水累计流量，累计流量的测量误差需要控制在±1%以内。

④ 密度：充填泵出口管道膏体的密度进行实时测量，以把握膏体均匀程度和搅拌质量。

⑤ 压力：充填泵出口管道膏体压力进行实时检测，以把握管路输送顺畅情况。

5.3.2 控制方案

（1）生产过程

电厂粉煤灰通过管路输送至粉煤灰仓缓冲，混合料由粉状物料运输车输送至混合料仓缓冲，水由水泵经管路泵送至充填站蓄水池，料仓和水池内均有料位计检测。

粉煤灰仓和混合料仓下装有螺旋给料机，通过冲板流量计控制连续稳定的给料量。

蓄水池安装两台水泵，一台生产、一台备用，通过变频器和电磁流量计控制连续稳定地向搅拌桶给水。

搅拌桶上装有料位计，用于实时监测搅拌桶的料浆，以方便控制，使之始终处于满桶搅拌状态。

充填站理想的工作状况是：浓度稳定搅拌均匀的料浆，连续不断地进入充填管路，当泵送流量调整时，螺旋给料机、水泵自动进行调整，达到给定流量条件下的动态平衡。

（2）主要模块控制方案

为实现充填站最佳工作状态，现场仪表全部采用智能化检测仪表和执行机构：中心控制站选用集散系统，控制系统由粉煤灰给料控制、混合料给料控制、给水控制、搅拌桶液位控制四个回路组成。所有充填料根据不同的浓度要求统一由控制站设定指标自动配比给料量。

① 粉煤灰给料控制回路

粉煤灰通过安装在粉煤灰仓下料口螺旋给料机，然后经冲板流量计测量出实际的流量，与设定流量条件下粉煤灰的流量指标进行比较，经计算机计算后输出变频器调节信号，控制料仓螺旋给料机给料速度，使进入搅拌桶的物料流量达到配比要求。控制回路如图 5-6 所示。

② 混合料给料控制回路

混合料通过安装在混合料仓下料口的螺旋给料机，然后经冲板流量计测量出实际的流量，与设定流量条件下混合料的流量指标进行比较，经计算机计算后输出变频器调节信号，控制料仓螺旋给料机给料速度，使进入搅拌桶的物料流量达到配比要求。控制回路如图 5-7 所示。

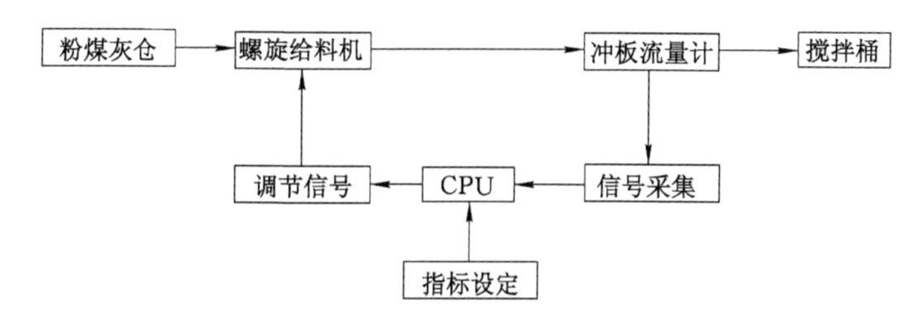

图5-6　粉煤灰给料自动控制示意图

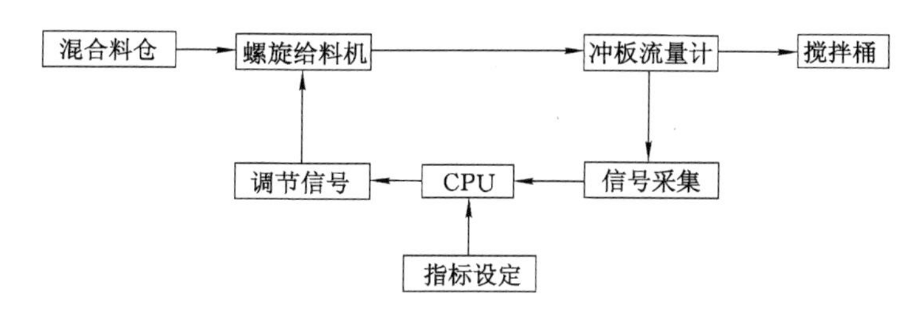

图5-7　混合料给料自动控制示意图

③ 给水控制回路

水通过蓄水池上的水泵，经管路中电磁流量计测量出实际的流量，与设定流量条件下水量指标进行比较，经计算机计算后输出水泵变频器调节信号，控制水泵的泵送速度，使进入搅拌桶的物料流量达到配比要求。控制回路如图5-8所示。

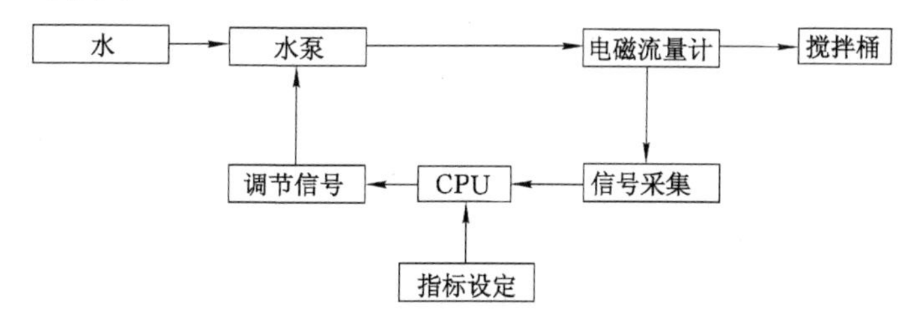

图5-8　给水自动控制示意图

④ 搅拌桶液位控制回路

搅拌桶液位控制由搅拌桶上部安装的料位计测量出搅拌桶的实际液位，液位信号由电缆传输到控制室的控制计算机，与所设定的控制液位指标进行比较，经计算给出调节信号，控制各物料和水泵的给料速度，使搅拌桶的液位达到工艺要求高度。

(3) 系统其他部位的控制

自动控制系统要实现各模块功能，还需对粉煤灰仓料位、混合仓料位、生产水池液位、充填泵出口压力、各设备的开启状况、开启和关闭操作等自动检测。

① 粉煤灰仓料位测量

粉煤灰仓料位测量选用旋阻式料位计，在料仓的最低容许料位和最高容许料位安装。测量出料位信号经电缆输送到控制室计算机采集卡，由显示屏显示，以便及时向粉煤灰仓内补充物料或停止补充物料。

② 混合料仓料位测量

混合料仓料位测量选用旋阻式料位计，在料仓的最低容许料位和最高容许料位安装。测量出料位信号经电缆输送到控制室计算机采集卡，由显示屏显示，以便及时向混合料仓内补充物料或停止补充物料。

③ 生产水池液位测量

生产水池液位测量选用超声波料位计，安装在水池上方，测量出的水位信号由电缆传输到控制室计算机采集卡，由显示屏显示读数，以便及时开启水源泵向蓄水池补充或关闭水源泵防止水外溢。

④ 充填泵出口压力测量

充填泵出口压力测量选用两线制压力变送器，安装在充填泵出口附近的管道上，测量出的充填泵出口压力信号由电缆传输到控制室计算机，其测量值在显示屏上显示，以便于操作人员把握充填泵泵送压力情况。

⑤ 充填泵出口密度测量

充填泵出口密度测量选用工业密度计，安装在充填泵出口附近的管道上，测量出的充填泵出口膏体密度信号由电缆传输到控制室计算机，其测量值在显示屏上显示，通过密度的变化来把握膏体搅拌的均匀程度。

⑥ 充填泵出口流量测量

充填泵出口流量测量选用电磁流量计，安装在充填泵出口附近的管道上，测量出的充填泵出口流量信号由电缆传输到控制室计算机，其测量值在显示屏上显示，便于操作员把握充填泵实际流量与设定流量的关系。

⑦ 报警

所有被测量与生产实际需求值进行比较，进行提前预测，超出一定范围提供声光报警，确保生产连续安全、正常进行。

(4) 控制室布置

如图5-9所示，控制室内的基本设施，如接地、静电地板、防尘等，均按国家标准设计施工。

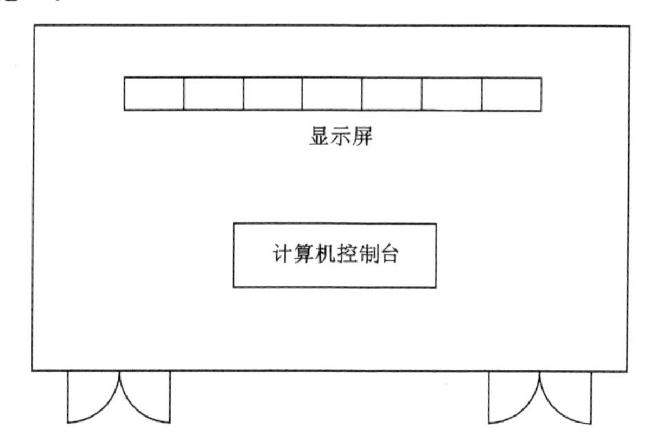

图5-9　充填站控制室布置示意图

5.4　进展情况

由于粉煤灰充填技术在采矿界尚无成功经验，其技术难点多、投资大，因此，该工程应遵循先易后难、先简单后复杂分步进行的原则。

第一步，选择已报废的巷道作为粉煤灰充填试验场地。把粉煤灰输送到井下，实现邢台矿坑口电厂灰渣资源化利用，解决粉煤灰地面排放对环境的污染问题。

第二步，选择一个非建筑物下开采工作面，进行全采全充试验。形成一套以粉煤灰为主要原料的、与邢台矿区厚煤层综采工艺相适应的粉煤灰膏体充填控制开采沉陷技术。

第三步，选择一个建筑物下开采工作面，检验第二步试验效果。

5.5 本章小结

本章对充填系统做了系统概述,并根据粉煤灰膏体充填料浆的工艺要求设计了相应的充填系统,解决了充填能力的确定、充填管的布置、设备选型,以及系统检测与控制等问题。

第6章　结论及建议

6.1　主要结论

本书以“邢台煤矿粉煤灰井下废巷膏体充填处理”项目为工程背景，在现场调研和总结大量相关资料的基础上，综合运用岩层控制的关键层理论、有限元等基本理论并结合数学和弹塑性力学等相关方面的知识，对建筑物下粉煤灰膏体充填采煤技术的内涵和技术的可行性进行了初步探讨，并对粉煤灰膏体的配比、输送阻力特性和充填引起的地表下沉量大小的相关因素进行了研究与分析，建立了粉煤灰膏体充填系统，最后得出以下结论：

(1) 对粉煤灰进行处理时，强度要求不高，以能固化为准。邢台矿粉煤灰膏体料浆的浓度在55%～60%范围内，其坍落度可达到25 cm，满足泵送性能要求；初步确定最优的混合料配比范围40～150 kg/m^3，粉煤灰为650～860 kg/m^3，料浆浓度为55%～60%。粉煤灰膏体的强度随料浆浓度的增加呈线性增长，随SL胶结料用量的增加呈指数增长。

(2) 对粉煤灰膏体料浆的流变特性进行了推导，推导结果：粉煤灰膏体料浆属宾汉流体，流变方程为 $\tau_w \approx \frac{4}{3}\tau_B + \eta\left(\frac{8v}{D}\right)$。

(3) 就单因素影响分析，粉煤灰膏体料浆水力坡度与管道特性、粉煤灰特性、浆体特性等诸多因素都存在密切的关系。它们分别对料浆水力坡度的影响是：随着流速的增加近似呈线性增大，与管径成反比，与料浆浓度增加而呈多项式关系增大。对于多因素非线性影响分析管道输送阻力特性，是基于遗传神经网络思想，将影响料浆水力坡度的主要因素——流速、管径和料浆浓度与料浆的水力坡度建立起计算模型，从而通过输入不同的流速、管径和浓度，预测料浆的水力坡度。模拟证明，该模型绝对误差最大为－0.143 6 kPa/m，最小为0.012 1 kPa/m；相对误差最大为3.9%，最小为－0.2%，在试验允许误差范围内，满足实际应用要求。

(4) 对于邢台煤矿工业广场附近的2# 煤层，采用分层膏体材料全部充填开采，在理想充填下，通过3个分层采完全部煤层以后，累计的最大下沉量为125 mm，最大倾斜变形量为0.39 mm/m，最大曲率变形量为0.003×10^{-3}/m，最大水平移动量为56 mm，最大水平变形量为0.3 mm/m，倾斜变形量、水平变形量、曲率变形量均小于Ⅰ级破坏变形允许值的范围内。

(5) 充分采动情况下，对于分层全部垮落法开采，工作面前方支承压力峰值位于工作面煤壁前方13.3 m处，为9.52 MPa，约为原岩应力的2倍，而分层膏体充填开采条件下的前支承压力峰值位于工作面前方8 m处，为7.87 MPa，只有原岩应力的1.6倍左右，充填开采支承压力峰值是垮落法开采的82.7%，其影响范围也比常规开采小得多。充填工作面和垮落开采工作面的最大控顶距分别按6.0 m和4.0 m考虑，则在控顶范围内，充填开采顶板下沉量不到50 mm，分层全部垮落法开采顶板下沉量为170 mm，为充填开采的3.5倍左右。

(6) 通过对影响地表最大下沉量两个主要因素——充填体强度和充填率的分析研究，确定了两个主要因素对地表最大下沉量影响的程度。当充填体强度小于1.5 MPa时，充填体强度-下沉曲线斜率较充填率-下沉曲线斜率大，且变化大，此时充填体强度对地表下沉值的影响高于充填率对地表沉陷的影响。当充填体强度大于1.5 MPa时，充填率-下沉曲线斜率比充填体强度-下沉曲线斜率大，此刻充填率对地表下沉值的影响高于充填体强度对地表沉陷的影响。由此可以看出，在安全、经济和技术允许的条件下，充填体强度达到足够强度和控制充填率是减沉的关键。在实际的充填实施过程中，要尽量保证充填体的强度，使之避开充填体强度-下沉曲线斜率急剧变化的部分。

(7) 针对邢台煤矿实际，在确保安全、经济性好、技术先进的前提下，要达到理想的减沉效果，在施工中要保证充填体具有一定的强度，尽可能地减少顶板的欠接顶量，提高充填率。

(8) 根据粉煤灰膏体充填料浆的工艺要求设计了相应的充填系统，解决了充填能力的确定、充填管的布置、设备选型、系统检测与控制等问题。

6.2　本书主要创新点

(1) 粉煤灰膏体采煤技术是在新形势下提出的一项全新的煤矿绿色开采工艺,它的成功应用将大幅度地提高我国建筑物下煤炭资源的回收率,具有较好的经济效益和社会效益。由于该技术在国内煤矿的应用几乎属于空白,因此本书首次对粉煤灰膏体充填采煤技术做了较为详细的分析和探讨。

(2) 本书初步研究了粉煤灰膏体充填采煤技术中的几个关键性问题。通过理论分析确定了粉煤灰膏体料浆的流变模型,以及输送时阻力特性的主要因素,并对它们进行了定性分析。在此基础上,基于遗传神经网络建立了水力坡度计算模型,此模型精度高,能满足实际要求,并对料浆的制备和输送具有指导意义,此方法还可应用于料浆配比的优化。

(3) 通过利用FLAC进行数值模拟,确定了充填体强度和充填率与地表下沉值的定量关系,得到了相应曲线。在建筑物下充填采煤时,对影响地表下沉的两个主要因素的影响程度进行了比较,并确定了首要因素。

6.3　建议

粉煤灰膏体充填采煤技术是一种新的开采方法,是固体废弃物不迁村采煤的主要方面之一,也是煤矿绿色开采技术体系的重要组成部分,理论上可以有效地减小地表的下沉和变形,满足《建筑物、水体、铁路及主要井巷煤柱留设与压煤开采规程》中建筑物下采煤要求,实现建筑物不搬迁采煤,是未来建筑物下采煤的发展方向之一。但由于其刚刚起步,很多方面都处于探讨和试验阶段,以后建议加强以下内容的研究:

(1) 寻求来源广泛、强度较高且经济合理的充填材料,进一步优化粉煤灰膏体料浆的配比,并对充填材料的水化胶凝机理做分析研究。

(2) 实施粉煤灰膏体充填后,粉煤灰膏体对地下水的环境影响,粉煤灰膏体的长期稳定性做分析与评价。

(3) 对充填采矿的经济、环境和社会效益进行评价。

附　　录

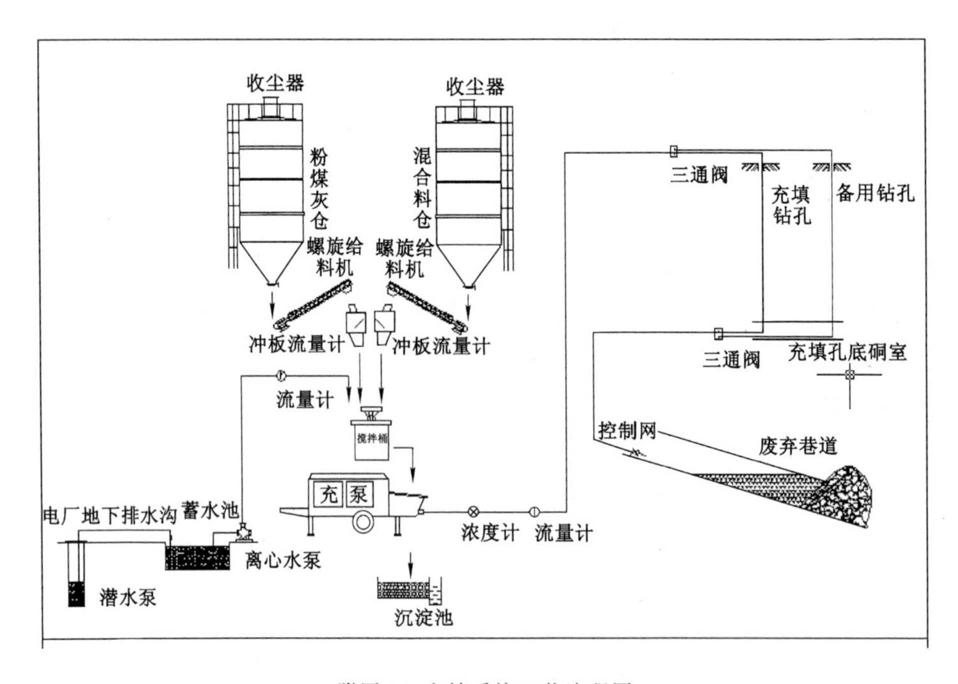

附图 1　充填系统工艺流程图

附图 2　现场充填系统实物图

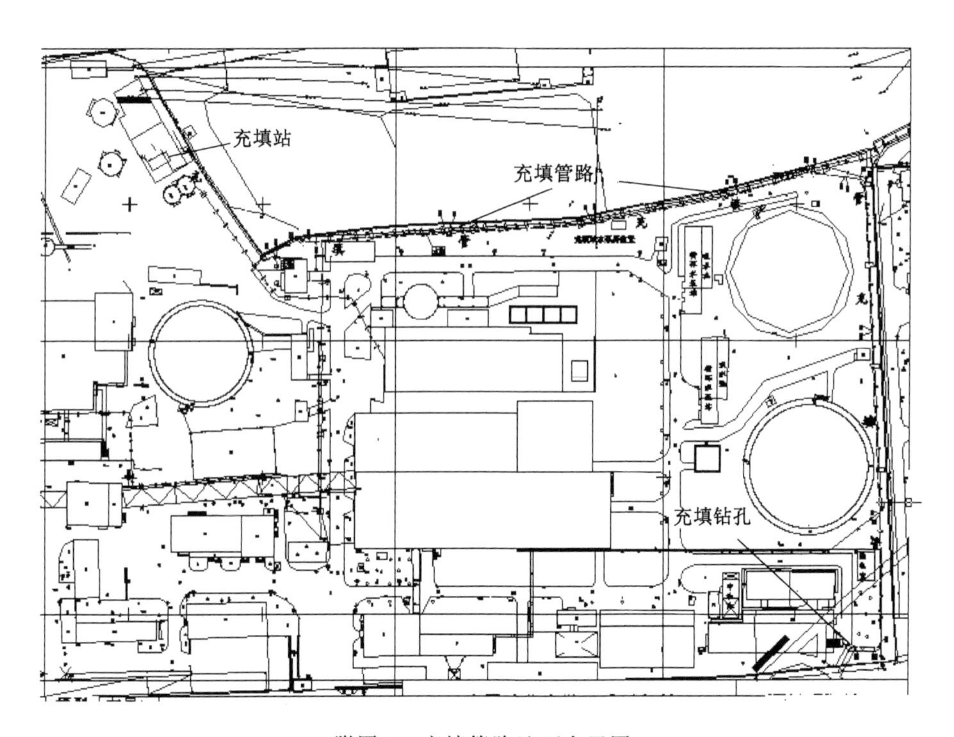

附图 3　充填管路地面布置图

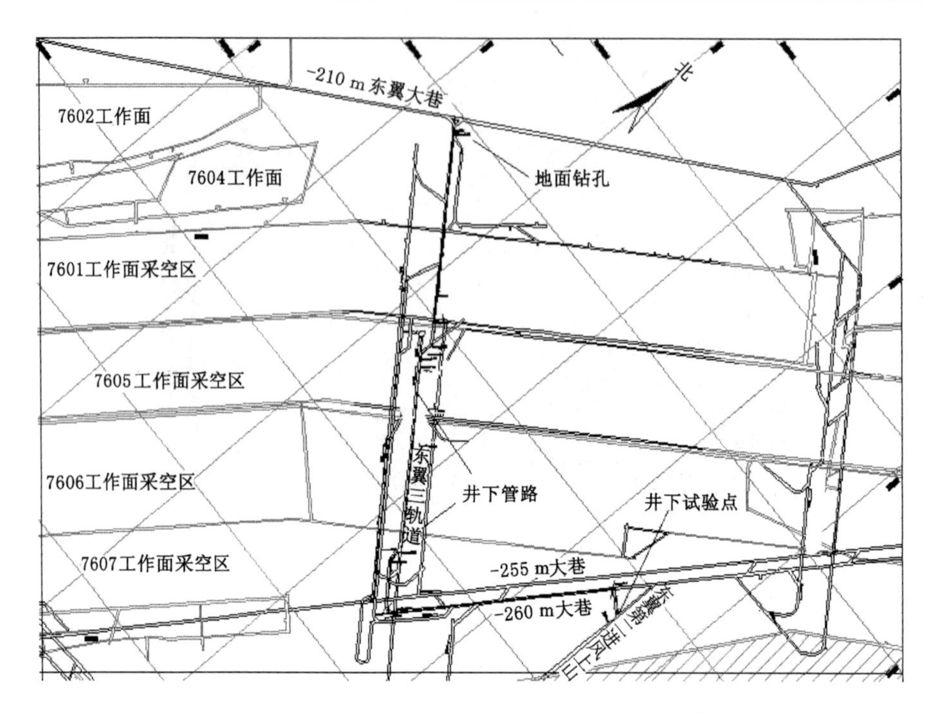

附图 4　充填管路井下布置图

参考文献

[1] UCHIDA S I. Characteristics and use of coal ash[J]. Journal of the Society of Inorganic Material Japan,1997(4):536-543.

[2] 张海洋.我国煤炭工业现状及可持续发展战略[J].煤炭科学技术,2014(A1):281-284.

[3] 王丽红,鲍爱华,罗园园.中国充填技术应用与展望[J].矿业研究与开发,2017(3):1-7.

[4] 何荣军,田仲喜,喻晓峰.基于正交试验的粉煤灰膏体输送水力坡度影响因素研究[J].煤矿安全,2017,48(3):44-47.

[5] 周华强,王俊卓,卢明银,等.基于膏体充填的煤矿绿色开采激励机制研究[J].工业工程,2011(6):113-116.

[6] 徐法奎.我国煤矿充填开采现状及发展前景[J].煤矿开采,2012,17(4):6-7,49.

[7] 王金庄,郭增长.我国村庄下采煤的回顾与展望[J].中国煤炭,2002(5):28-32.

[8] 赵经彻,何满潮.建筑物下煤炭资源可持续开采战略[M].徐州:中国矿业大学出版社,1997.

[9] 雷瑞,付东升,李国法,等.粉煤灰综合利用研究进展[J].洁净煤技术,2013,19(3):106-109.

[10] 郭新亮.燃煤电厂粉煤灰综合利用技术研究[D].西安:长安大学,2009.

[11] 周前.粉煤灰资源化处理专家系统的研究与开发[D].长沙:中南大学,2005.

[12] 吴文达.粉煤灰的综合利用[J].鞍钢技术,1994(3):1-6.
[13] 王溥.国内外粉煤灰利用沿革与发展(上)[J].粉煤灰,1998(3):9-13.
[14] 韩朝军,李延东.邢台矿粉煤灰充填技术可行性研究[J].中国矿山工程,2005,35(4):16-18.
[15] 李常华,陈士军,杨继龙,等.影响固体充填开采效果的因素分析与对策[J].矿业安全与环保,2012,39(4):46-48.
[16] 韩文骥,宋光远,曹忠,等.膏体充填开采孤岛煤柱覆岩移动规律研究[J].煤矿安全,2013,44(5):220-223.
[17] 张有山.浅谈煤矿绿色开采技术的应用[J].中国科技纵横,2015(23):101.
[18] 钱鸣高.煤炭的科学开采[J].煤炭学报,2010,35(4):529-534.
[19] 吴爱祥,王勇,王洪江.膏体充填技术现状及趋势[J].金属矿山,2016(7):1-9.
[20] 瞿群迪,周华强,侯朝炯,等.煤矿膏体充填开采工艺的探讨[J].煤炭科学技术,2004,32(10):67-69,73.
[21] 冯涛,袁坚,刘金海,等.建筑物下采煤技术的研究现状与发展趋势[J].中国安全科学学报,2006,16(8):119-123.
[22] 谭志祥,邓喀中.建筑物下采煤研究进展[J].辽宁工程技术大学学报(自然科学版),2006,25(4):485-488.
[23] 朱红飞.建筑物下采煤技术分析[J].西部探矿工程,2014(3):73-74,76.
[24] 钱鸣高,许家林,缪协兴.煤矿绿色开采技术[J].中国矿业大学学报,2003,32(4):343-348.
[25] 周国铨,崔继宪,刘广容,等.建筑物下采煤[M].北京:煤炭工业出版社,1983.
[26] 余学义,张恩强.开采损害学[M].北京:煤炭工业出版社,2010.
[27] PERRY R J,CHURCHER D L. The application of high density paste backfill at dome mine[J]. CIM Bulletin,1990,937(83):53-58.
[28] 刘同友,黄业英.充填采矿技术与应用[M].北京:冶金工业出版社,2001.
[29] FARSNGI P,HARA A. Consolidated rockfill design and quality control

at kidd creek mines[J]. CIM Bulletin,1993,972(86):68-74.

[30] AMARATUNGA L M,HEIN G G,YASCHYSHYN D N. Utilization of gold mill tailings as a secondary resource in the production of a high strength total tailings paste fill[J]. CIM Bulletin, 1997, 1012(90): 83-88.

[31] 黄乐亭.我国村庄下采煤的现状与发展重点[J].矿山测量,1999(4):3-5.

[32] 何哲祥,鲍侠杰,董泽振.铜绿山铜矿不脱泥尾矿充填试验研究[J].金属矿山,2005(1):15-17,33.

[33] 周华强,侯朝炯,孙希奎,等.固体废物膏体充填不迁村采煤[J].中国矿业大学学报,2004,33(2):154-158.

[34] 郭广礼,王悦汉,马占国.煤矿开采沉陷有效控制的新途径[J].中国矿业大学学报,2004,33(2):150-153.

[35] YU T R,COCENTER D B. Use of fly ash in backfill at kidd creek mines[J]. CIM Bulletin,1988,909(81):44-48.

[36] 郭爱国,张华兴.我国充填采矿现状及发展[J].矿山测量,2005(1):60-61.

[37] 张吉雄,缪协兴,郭广礼.矸石(固体废物)直接充填采煤技术发展现状[J].采矿与安全工程学报,2009,26(4):395-401.

[38] 张向荣,罗振敏,张燕妮,等.矿井火区粉煤灰胶体充填封堵材料的试验研究[J].西安科技大学学报,2005,25(1):9-11.

[39] 朱晓明.晋城矿区井下综合利用粉煤灰的研究与探索[J].粉煤灰,2003,15(1):28-30.

[40] 吴浩,管学茂.粉煤灰充填注浆材料研究[J].粉煤灰综合利用,2003(4):17-19.

[41] 李仲辉,闫正芳,李绍春,等.水泥-粉煤灰浆液充填加固软岩巷道的研究与实践[J].建井技术,2003,24(2):27-30.

[42] 刘坚.粉煤灰在矿山充填中的试验研究[J].矿产保护与利用,2003(5):43-44.

[43] LANDRIAULT D A,BROWN R E,COUNTER D B. Paste backfill study for deep mining at kidd creek[J]. CIM Bulletin,2000,1036(93):

156-160.

[44] 吕梁,侯浩波.粉煤灰性能与利用[M].北京:中国电力出版社,1998.

[45] 边炳鑫,解强,赵由才.煤系固体废弃物资源化技术[M].北京:化学工业出版社,2005.

[46] 关建适.粉煤灰渣为什么具有水硬活性[J].建筑节能,1981(3):31-35.

[47] 黄少文,俞平胜.粉煤灰活化技术及其在水泥材料中的应用研究[J].南昌大学学报(工科版),2001,23(2):91-96.

[48] 李国栋.结构因素对粉煤灰活性激发的影响[J].粉煤灰综合利用,1998(4):3-7.

[49] 王智,卢浩,钱觉时,等.煤灰活性激发基本系统中石灰形态因素的研究[J].重庆建筑大学学报,1999(1):40-43.

[50] 方荣利,张太文,周家斌.提高粉煤灰活性方法研究[J].水泥,1999(6):8-11.

[51] 方军良,陆文雄,徐彩宣.粉煤灰的活性激发技术及机理研究进展[J].上海大学学报(自然科学版),2002,8(3):255-260.

[52] 阮燕,吴定燕,高琼英.粉煤灰的颗粒组成与磨细灰的火山灰活性[J].粉煤灰综合利用,2001(2):28-30.

[53] 诸培南.无机非金属材料显微结构图册[M].武汉:武汉理工大学出版社,1994.

[54] ARCHIBALD J F,LAUSCH P,HE Z X. Quality control problems associated with backfill use in mines[J]. CIM Bulletin,1993,972(86):53-56.

[55] 瓦斯普.固体物料的浆体管道输送[M].黄河水利委员会科研所,译.北京:中国水利水电出版社,1980.

[56] 白晓宁.固液管道输送实验装置系统设计及两相流动阻力特性研究[D].上海:上海理工大学,2001.

[57] 吴爱祥,王洪江.金属矿膏体充填理论与技术[M].北京:科学出版社,2015.

[58] 许家林,轩大洋,朱卫兵.充填采煤技术现状与展望[J].采矿技术,2011,11(3):24-30.

[59] 王绍周.管道运输工程[M].北京:机械工业出版社,2004.

[60] 赵志缙.混凝土泵送施工技术[M].北京:中国建筑工业出版社,1998.

[61] 解海卫.粉煤灰浓浆管道流动特性与阻力特性的研究[D].保定:华北电力大学,2004.

[62] DURAND R. The hydraulic transportation of coal and other materials in pipes[M]. London:College of National Coal Board,1952.

[63] 刘音,陈军涛,刘进晓,等.建筑垃圾再生骨料膏体充填开采研究进展[J].山东科技大学学报(自然科学版),2012,31(6):52-56.

[64] BRACKEBUSCH F W. Basics of paste backfill systems[J]. International Journal of Rock Mechanics and Mining Engineering,1994,46(1):1175-1178.

[65] 蔡正泳,王足献.正交设计在混凝土中的应用[M].北京:中国建筑工业出版社,1985.

[66] 吴连友.高浓度混合浆体在倾斜管道中输送的阻力损失研究[D].沈阳:东北大学,1994.

[67] 苑希民,李鸿雁,刘树坤,等.神经网络和遗传算法在水科学领域的应用[M].北京:中国水利水电出版社,2002.

[68] 梁化楼,戴贵亮.人工神经网络与遗传算法的结合:进展及展望[J].电子学报,1995,23(10):194-200.

[69] 雷英杰,张善文,李续武,等.MATLAB 遗传算法工具箱及应用[M].西安:西安电子科技大学出版社,2005.

[70] 飞思科技产品研发中心.神经网络理论与 MATLAB 7 实现[M].北京:电子工业出版社,2005.

[71] 王劼,郑怀昌,陈小平.充填采矿法胶结充填体力学作用分析[J].有色金属,2004,56(3):109-112.

[72] 王新民,肖卫国,张钦礼.深井矿山充填理论与技术[M].长沙:中南大学出版社,2005.

[73] 孙恒虎,刘文永.高水固结充填采矿[M].北京:机械工业出版社,1998.

[74] 蔡嗣经.矿山充填力学基础[M].2 版.北京:冶金工业出版社,2009.

[75] 谢文兵,史振凡,陈晓祥,等.部分充填开采围岩活动规律分析[J].中国矿业大学学报,2004,33(2):162-165.

[76] 于学馥,刘同有.金川的充填机理与采矿理论[C].中国岩石力学与工程学会学术大会,1996.

[77] 许家林,赖文奇,钱鸣高.中国煤矿充填开采的发展前景与技术途径探讨[J].矿业研究与开发,2004,24(Z1):18-21.

[78] 梁运培,孙东玲.岩层移动的组合岩梁理论及其应用研究[J].岩石力学与工程学报,2002,21(5):654-657.

[79] 许家林,钱鸣高,朱卫兵.覆岩主关键层对地表下沉动态的影响研究[J].岩石力学与工程学报,2005,24(5):787-791.

[80] 刘长友,杨培举,侯朝炯,等.充填开采时上覆岩层的活动规律和稳定性分析[J].中国矿业大学学报,2004,33(2):166-169.

[81] 高明中.关键层破断与厚松散层地表沉陷耦合关系研究[J].安徽理工大学学报(自然科学版),2004,24(3):24-27.

[82] 翟所业,张开智.用弹性板理论分析采场覆岩中的关键层[J].岩石力学与工程学报,2004,23(11):1856-1860.

[83] 钱鸣高,许家林,缪协兴.煤矿绿色开采技术的研究与实践[J].能源技术与管理,2004(1):1-4.

[84] 钱鸣高.岩层控制的关键层理论[M].徐州:中国矿业大学出版社,2003.

[85] 国家煤炭工业局.建筑物、水体、铁路及主要井巷煤柱留设与压煤开采规程[M].北京:煤炭工业出版社,2000.

[86] 杜计平,汪理全.煤矿特殊开采方法[M].2 版.徐州:中国矿业大学出版社,2011.

[87] 吴洪词,胡兴,包太.采场围岩稳定性的 FLAC 算法分析[J].采矿与工程学报,2002,19(4):96-98.

[88] 杨新安,黄宏伟,丁全录.FLAC 程序及其在隧道工程中的应用[J].同济大学学报(自然科学报),1996,17(4):39-44.

[89] 孙希奎,李秀山,施现院,等.煤矿膏体充填矿压显现规律的充实效应研究[J].煤炭科学技术,2017,45(1):48-53.

[90] 钱鸣高,石平五.矿山压力与岩层控制[M].徐州:中国矿业大学出版社,2003.

[91] 瞿群迪,姚强岭,李学华,等.充填开采控制地表沉陷的关键因素分析

[J].采矿与安全工程学报,2010,27(4):458-462.

[92] 王神虎,任智敏,窦志荣,等.煤矿采空区地表沉陷产生的影响及防治对策[J].矿业安全与环保,2012,39(6):68-69.

[93] 张诚.膏体充填参数对上覆岩层破坏规律的数值模拟研究[J].山西煤炭,2015,35(2):28-31.

[94] CHEN L J. Criteria for silo design in backfill operation[J]. CIM Bulletin,1997,1014(90):95-99.